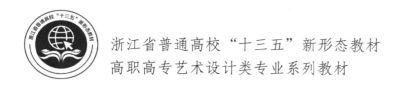

浙江省普通高校"十三五"新形态教材

高职高专艺术设计类专业系列教材

InDesign印前设计与排版实战

杨文兵　王　柳　余　立　主编

电子工业出版社·

Publishing House of Electronics Industry

北京·BEIJING

内容简介

InDesign 是 Adobe 公司发布的一款专门用于设计印刷品和数字出版物版式设计的软件。它为平面设计师、包装设计师和印前专家提供了很多便捷的工作模式，为杂志、书籍、报纸和广告等设计工作开发了一系列更为完善的排版功能。本书以 InDesign CC 为软件平台，以印前设计为基础，由浅入深、全面详尽地介绍 InDesign 的基础知识、操作方法和应用技巧，并配以相应的实操案例，以达到"学以致用"的目的。

本书适合 InDesign 的初、中级读者及从事版式设计相关工作的设计师阅读，同时也非常适合作为应用型大学、高职高专院校计算机、平面设计、印刷出版等相关专业及培训机构的教学参考书及广大自学人员参考。

图书在版编目（CIP）数据

InDesign 印前设计与排版实战 / 杨文兵，王柳，余立主编 . — 北京：电子工业出版社，2021.3
ISBN 978-7-121-40712-3

Ⅰ.①I… Ⅱ.①杨… ②王… ③余… Ⅲ.①电子排版-应用软件-高等学校-教材 Ⅳ.①TS803.23

中国版本图书馆CIP数据核字（2021）第039890号

责任编辑：贺志洪

印　　刷：北京缤索印刷有限公司
装　　订：北京缤索印刷有限公司
出版发行：电子工业出版社
　　　　　北京市海淀区万寿路173信箱　邮编100036
开　　本：787×1092　1/16　　印张：15.25　字数：390.4千字
版　　次：2021年3月第1版
印　　次：2021年3月第1次印刷
定　　价：68.00元

凡所购买电子工业出版社图书有缺损问题，请向购买书店调换。若书店售缺，请与本社发行部联系，联系及邮购电话：（010）88254888，88258888。

质量投诉请发邮件至 zlts@phei.com.cn，盗版侵权举报请发邮件至 dbqq@phei.com.cn。

本书咨询联系方式：（010）88254609 或 hzh@phei.com.cn。

前言

印前设计与排版技术是现代平面设计、印刷出版、数字媒体的重要组成部分，是视觉传达的重要手段，而 InDesign 正是 Adobe 公司发布的一款专门用于设计印刷品和数字出版物版式设计的软件。它为平面设计师、包装设计师和印前专家提供了很多便捷的工作模式，为杂志、书籍、报纸和广告等设计工作开发了一系列更为完善的排版功能。本书以 InDesign CC 为软件平台，以印前设计为基础，由浅入深、全面详尽地介绍了 InDesign 的基础知识、操作方法和应用技巧，并配以相应的实操案例，以达到"学以致用"的目的。

内容结构

全书包括 12 章，可分为四个部分。第一部分为软件基础入门，包括第 1 章，介绍了 InDesign CC 的工作界面及基本操作。第二部分为印前设计版面概述，包括第 2 章，讲解了文字、开本知识、排版常识和版面设计原理。第三部分为软件的主要功能，包括第 3~11 章，涵盖了主页的创建、编辑和应用、文本的导入和编辑、图形的绘制、颜色的应用、图像处理、样式的创建和应用、创建表格、书籍和版面、印刷输出等内容。第四部分为项目实战，包括第 12 章，选取了具有代表性的综合实例进行详细的解析，在进一步巩固前面所学内容的基础上培养读者的综合应用能力。

编写特色

本书采用"教程＋项目"的双线编写形式，将软件的基本操作技巧通过项目串联起来，并在其中体现与版面编排有关的设计、制作方法及印刷方面的基础知识，力求使其兼具实训手册和应用技巧参考手册的特点。

本书在贯彻知识、能力、技术三位一体教育原则的基础上，应用了大量的图标、项目等形式，配备相应的案例，突出职业岗位的技能要求。

读者对象

本书适合 InDesign 的初、中级读者及从事版式设计相关工作的设计师阅读，同时也非常适合作为应用型大学、高职高专院校计算机、平面设计、印刷出版等相关专业及培训机构的教学参考书及广大自学人员参考。

由于时间仓促，编者水平有限，在编写本书的过程中难免有不足之处，恳请广大读者批评指正，读者可以可以加入 QQ 群 811294249 与我们线上交流。

编者

2020 年 9 月

目 录

第 1 章 Adobe InDesign CC 简介

Adobe InDesign 是 Adobe 公司发布的一款专门用于设计印刷品和数字出版物版式的桌面出版（DTP）应用程序。它为平面设计师、包装设计师和印前专家提供了很多便捷的工作模式，为杂志、书籍、报纸和广告等设计工作提供了一系列更为完善的排版功能。InDesign 可以将文档直接导出为 Adobe 的 PDF 格式，而且有多语言支持。它也是第一个支持 Unicode 文本处理的主流 DTP 应用程序，率先使用新型 OpenType 字体、高级透明性能、图层样式、自定义裁切等功能。它基于 JavaScript 特性，与软件 Illustrator、Photoshop 等实现完美结合，同时对图像、字型、印刷和色彩等方面进行专业的技术管理，其界面的一致性等特点也都受到了用户的青睐。

本章主要介绍 InDesign CC 的工作区、工具和菜单的管理及系统的设置等。

学习目标：
- 掌握使用应用程序栏
- 掌握使用面板
- 掌握工作区

技能目标：
- 掌握使用工作区及导览虚拟出版物的几个页面

Adobe InDesign
CC 界面简
介 .mp4

1.1 界面简介

InDesign 的工作界面与 Photoshop 和 Illustrator 的工作界面基本相同。在默认情况下，InDesign 工作区主要由应用程序栏、菜单栏、控制面板、工具箱、工作区和面板组合状态栏构成，如图 1-1 所示。

1.1.1 菜单命令

位于 InDesign 工作界面标题栏的下方，它包括了 9 个主菜单，从左至右分别是【文件】、【编辑】、【版面】、【文字】、【对象】、【表】、【视图】、【窗口】和【帮助】主菜单，如图 1-2 所示。用户只需单击相应的主菜单名称，即可打开该菜单选择相关命令。

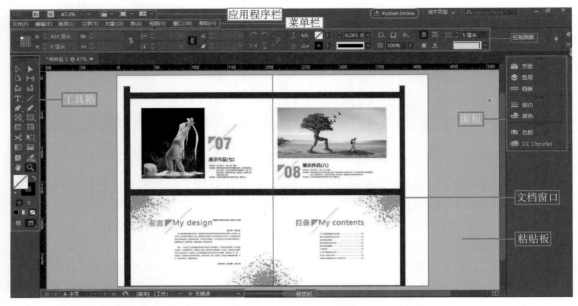

图 1-1　InDesign 工作区

文件(F)　编辑(E)　版面(L)　文字(T)　对象(O)　表(A)　视图(V)　窗口(W)　帮助(H)

图 1-2　InDesign 菜单

1.1.2　控制面板

位于菜单命令栏的下方，通过控制面板可以快速选取、调用与当前页面中所选工具或对象有关的选项、命令和其他面板。选择了不同的工具或页面对象后，控制面板中会显示不同的选项，如图 1- 3 所示。

选择工具的控制面板

文字工具的控制面板

垂直网格的控制面板

图 1-3　InDesign 控制面板

1.1.3　工具箱

在版面设计过程中，工具箱的使用起着至关重要的作用。熟练掌握工具箱的使用方法及快捷键，是创意得以实现、提高工作效率的前提。InDesign 的工具箱包括选择、编辑、线条、文字的颜色与样式、页面排版格式等各种工具。在工具箱中，工具只有被选择后才能使用，选中的工具以高亮样式显示。工具箱展开功能如图 1-4 所示，选择工具系列如图 1-5 所示，绘制工具和文字工具系列如图 1-6 所示，变换工具系列如图 1-7 所示，修改和导航工具系列如图 1-8 所示。

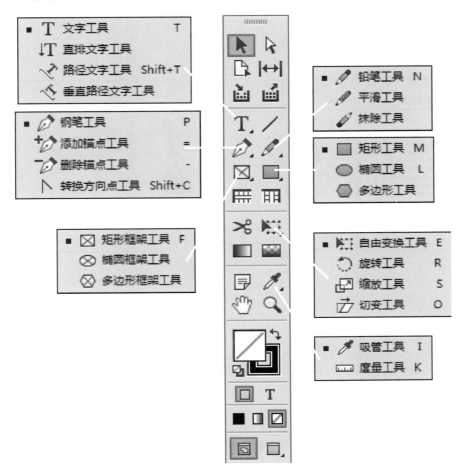

图 1-4　工具箱展开功能

选择工具系列

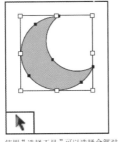

使用"选择工具"可以选择全部对象。

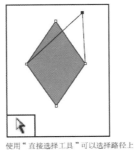

使用"直接选择工具"可以选择路径上的点或框架中的内容。

使用"位置工具"可以裁切和移动框架中的图像。

图 1-5　选择工具系列

绘制工具和文字工具系列

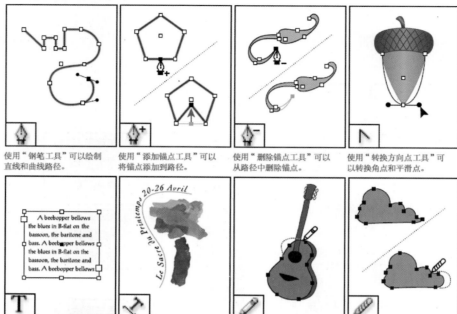

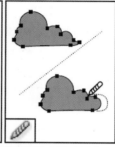

使用"钢笔工具"可以绘制
直线和曲线路径。

使用"添加锚点工具"可以
将锚点添加到路径。

使用"删除锚点工具"可以
从路径中删除锚点。

使用"转换方向点工具"可
以转换角点和平滑点。

使用"文字工具"可以创建文本
框架和选择文本。

使用"路径文字工具"可以
在路径上创建和编辑文字。

使用"铅笔工具"可以绘制
任意形状的路径。

使用"平滑工具"可以从路
径中删除多余的角。

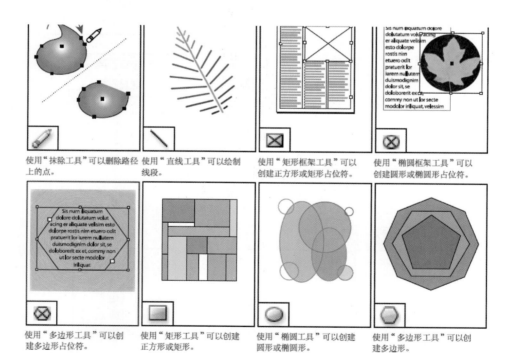

使用"抹除工具"可以删除路径
上的点。

使用"直线工具"可以绘制
线段。

使用"矩形框架工具"可以
创建正方形或矩形占位符。

使用"椭圆框架工具"可以
创建圆形或椭圆形占位符。

使用"多边形工具"可以创
建多边形占位符。

使用"矩形工具"可以创建
正方形或矩形。

使用"椭圆工具"可以创建
圆形或椭圆形。

使用"多边形工具"可以创
建多边形。

图 1-6　绘制工具和文字工具系列

变换工具系列

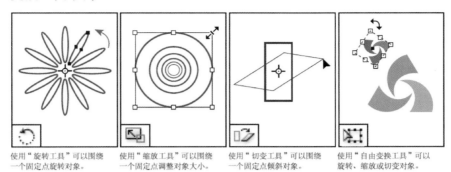

使用"旋转工具"可以围绕一个固定点旋转对象。 使用"缩放工具"可以围绕一个固定点调整对象大小。 使用"切变工具"可以围绕一个固定点倾斜对象。 使用"自由变换工具"可以旋转、缩放或切变对象。

图 1-7 变换工具系列

修改和导航工具系列

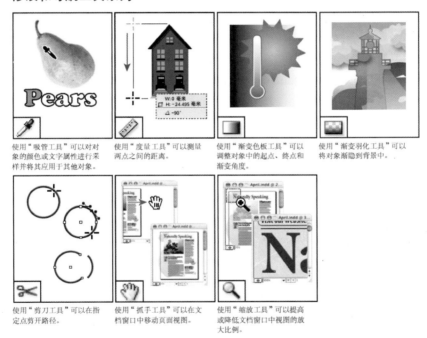

使用"吸管工具"可以对对象的颜色或文字属性进行采样并将其应用于其他对象。 使用"度量工具"可以测量两点之间的距离。 使用"渐变色板工具"可以调整对象中的起点、终点和渐变角度。 使用"渐变羽化工具"可以将对象渐隐到背景中。

使用"剪刀工具"可以在指定点剪开路径。 使用"抓手工具"可以在文档窗口中移动页面视图。 使用"缩放工具"可以提高或降低文档窗口中视图的放大比例。

图 1-8 修改和导航工具系列

1.1.4 使用面板

面板主要替代了部分菜单命令，从而使各种操作变得更加灵活、方便。控制面板不仅能够编辑、排列操作对象，而且还能够对图形进行着色、填充等操作。

1. 展开折叠面板

每个面板都有某一方面的功能，比如颜色、段落、字符等。所有的面板都可以在"窗口"菜单里面找到，前面要是有打钩的符号，则代表该面板已经在工作区域显示了。

面板组合和排列用鼠标左键点住面板组中的其中一个面板，然后向右下方拖动，松开鼠标左键就可以形成独立的面板。若要组合面板，将其中一个面板拖动到另一个面板上部，出现蓝色粗线框时松开鼠标即可，如图1-9所示。

图1-9　折叠面板

2. 打开面板

单击色板右上角的"面板"按钮▤可以打开面板菜单，如图1-10所示。

图1-10　打开面板菜单

1.2 工作区组成

InDesign 的页面区域分别由版心、页边距（天头、地脚、切口、订口）、出血框三部分构成，如图 1-11 所示。

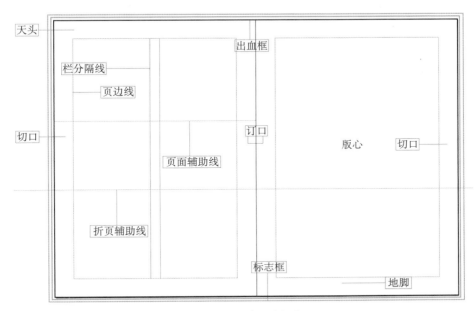

图 1-11 工作区的组成

1.2.1 自定义工作区

InDesign CC 提供了多种预设的工作区，如书籍、印刷和校样、排版规则等。用户不能修改预设的工作区，但可以根据使用习惯自定义工作区，提高工作效率。

执行"窗口"|"工作区"|"新建工作区"菜单命令（见图 1-12），打开"新建工作区"对话框，在对话框中输入要新建的工作区名称，单击"确定"按钮，如图 1-13 所示。

图 1-12 "新建工作区"菜单命令

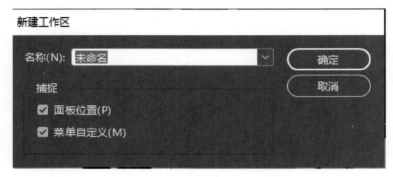

图 1-13 "新建工作区"对话框

1.2.2 载入工作区

在应用程序栏中单击"基本功能"按钮，打开一个下拉列表，在该菜单中可以选择系统预设的一些工作区，如图 1-14 所示。用户也可以通过选择"窗口"→"工作区"菜单下的子命令来选择合适的工作区。

图 1-14 载入工作区

1.2.3 还原默认的工作区

对工作界面中的面板进行移动或组合设置后，可以通过选择"重置'基本功能'"菜单命令，将调整后的工作区还原至初始效果，如图 1-15 所示。

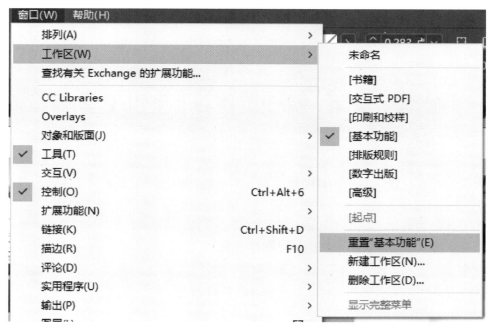

图 1-15 "重置'基本功能'"菜单命令

1.3 翻转课堂——导览虚拟出版物

【练习知识要点】InDesign CC 的用户界面非常直观，用户很容易创建个性化的打印文件和交互式页面。要熟练使用 InDesign 强大的排版和设计功能，必须熟悉其界面和工作区。工作区由应用程序栏、菜单栏、控制面板、文档窗口、工具箱、粘贴板和其他面板组成。

学生通过本次实训了解 InDesign 界面的基本组成。

导览虚拟出版物的效果如图 1-16 所示。

图 1-16 导览虚拟出版物的效果

第 2 章　印前设计版面概述

版面设计是现代设计艺术的重要组成部分，是视觉传达的重要手段。版面设计是策划、设计、制作并形成样品的过程，其最终通过印刷制作成品。然而，由于对印前知识缺乏了解，许多设计师在将作品提交给印刷厂制作时，由于作品不能满足生产要求而常常被退回。因此设计师掌握基本的印前技术知识是很有必要的。

通过本章的学习，读者可以了解并掌握印前设计的文字与字体、开本、出血处理等一些专业知识，为进一步学习版面的设计打下坚实的基础。

学习目标：
- 掌握文字与字体
- 掌握印刷开本知识
- 掌握印刷出血处理
- 掌握版面设计流程

印前设计版面
概述 – 版面设计
概述 .mp4

技能目标：
- 了解版面设计的类型

2.1　印刷基础知识

印刷中我们需要注意的事项有很多，所以印前排版设计是不可避免的。它主要对整个版面的内容、图文总量、图文位置等方面进行设计。它能够将版面数据化、规范化、标准化，是稳定控制和提高印前质量的关键。因此，印前设计对排版是非常关键的。

印刷基础知
识 .mp4

2.1.1　文字与字体

字符是特殊的图形，通常是用编码的方式表示的，即在计算机中传输存储的是字符的编码，只有输出时（包括屏幕显示输出和打印输出），才对应生成相应的字符，也就是说输出时必须有与字符编码相对应的一套字库。如果没有这样的一套字库，字符的编码是无法输出相应的字符的。文字处理的两个关键技术是编码技术和字库技术。而在古代，毕升先用胶泥做成一个个规格统一的单字，用火烧硬，使其成为胶泥活字，然后把它们分类放在木格里，用时再取出来使用。毕升活字方法和计算机文字处理，如图 2-1 所示。

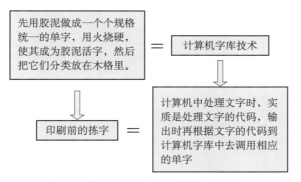

图 2-1　毕升活字方法和计算机文字处理

在计算机中文字是编码的，输出时对应相应的字符，下面就字符的编码技术和字库技术分别介绍。

1. 文字的属性

（1）字体的大小。常用的有点数制和号数制：1 点（Point）= 1/72 英寸 = 0.35mm，一般用字母 P 表示；号是中国的常用表示方法，点与号的换算如表 2-1 所示。

表 2-1　点与号的换算

点	42	28.5	21	16	14	12	10.5	9	8	5.25
号	初号	1	2	3	4	小4	5	小5	6	7

（2）行距和字距。行距就是文字段落行与行之间的距离，实际测量的是行的基线到基线之间的距离，根据需要调节，如图 2-2 所示。

（3）字型和字体。一组具有特定外观风格的字符的集合称为文字的类型，如宋体、黑体、魏碑、隶书等，如图 2-3 所示。

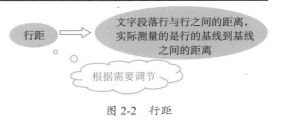

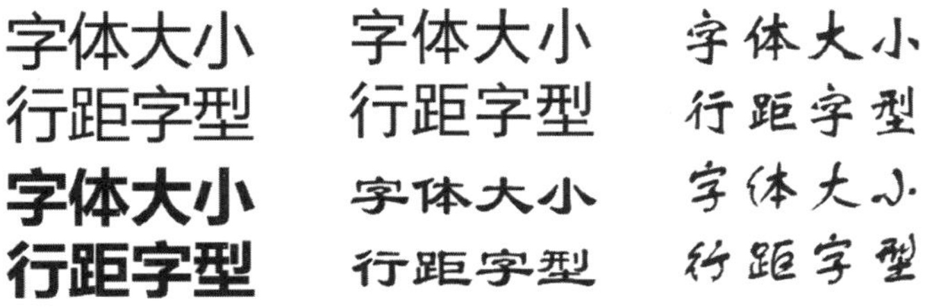

图 2-2　行距

图 2-3　字型与字体

（4）文字转换路径。在图形软件中能将文字转换成图形，也可以称为文字转换成路径。在激光照排机没有字体（字库）时，可以将文字转换成图形，这样就无须再打印字体了。

2. 编码技术

计算机只能处理"0""1"组合而成的数字，要实现计算机对汉字的存储和管理，就必须用数字去代替汉字。按一定的规则为每个汉字赋予唯一的数字代码、以实现汉字的计算机管理的技术称为汉字的编码技术，或称为汉字的编码标准（规范）。常用的编码技术有下面几种。

（1）英文的编码技术 ASCII 码。在英文信息中，以一个字母作为文字处理单位，因此，只要对 26 个字母逐个地确定代表的数码即可。国际最流行的字符集是 ASCII 码，它用 8 位一个字节表示字符，有只用 7 位表示 128 个字符和 8 位扩展表示 256 个字符两种，后者增加了一些特殊字符、外来语及一些符号。7 位 ASCII 码将一个字节划分成低位 4 比特表示行和高位 3 比特表示列，最高位是校验位。在书写的时候行号和列号常用 16 进制数表示。ASCII 编码示意图如图 2-4 所示。

	0	1	2	3	4	5	6	7
0								
E								
F								

图 2-4　ASCII 编码示意图

（2）汉字编码技术。对于汉字，一般以一个整字作为文字信息处理的单位。因此，要对每一个整字确定唯一的代表数码，这样 8 位编码，256 个字符就远远不够了，至少要 16 位，还有日语，以及很多非英文语系也都如此。

① 国标码 GB 2312—1980。常用的汉字编码是国标码——"信息交换用汉字编码字符集基本集" GB 2312—1980 。它是 2 个字节 16 位表示的编码，将代码分为 94 区和 94 位，任何汉字或符号均用它所在的区和位来唯一确定。如"啊"字，所在的是 16 区，区码为 16，从图 2-5 中可以看到位码是 01，所以"啊"字对应的区位码为"1601"；"按"对应的区位码为"1620"。

	0	1	2	3	4	5	6	7	8	9
0		啊	阿	埃	挨	哎	唉	哀	皑	癌
1	蔼	矮	艾	碍	爱	隘	鞍	氨	安	俺
2	按	暗	岸	胺	案	肮	昂	盎	凹	敖
3	熬	翱	袄	傲	奥	懊	澳	芭	捌	扒
4	叭	吧	笆	八	疤	巴	拔	跋	靶	把
5	耙	坝	霸	罢	爸	白	柏	百	摆	佰
6	败	拜	稗	斑	班	搬	扳	般	颁	板
7	版	扮	拌	伴	瓣	半	办	绊	邦	帮
8	梆	榜	膀	绑	棒	磅	蚌	镑	傍	谤
9	苞	胞	包	褒	剥					

图 2-5　GB 2312 的区位编码表（第 16 区）

② GBK 编码。GBK 编码是中国大陆在 GB 的基础上制定的扩展的 GB 中文编码国家标准。GBK 于 1995 年 12 月完成规范。该编码标准兼容 GB 2312，共收录汉字 21003 个、符号 883 个，并提供 1894 个造字码位，简、繁体字融于一库。

③ 国际标准编码。随着互联网的使用，统一的国际标准是必需的。 UCS（Universal Multi-octet coded Character Set）收集了世界上使用的主要语言的绝大部分。国际标准组织于 1984 年 4 月成立 ISO/IEC JTC1/SC2/WG2 工作组，针对各国文字、符号进行统一性编码。1991 年美国跨国公司成立 Unicode Consortium，并于 1991 年 10 月与 WG2 达成协议，采用

同一编码字集。

目前 Unicode 的 V2.0 版本于 1996 公布，内容包含符号 6811 个，汉字 20902 个，汉字拼音 11172 个，造字区 6400 个，保留 20249 个，共计 65534 个。Windows XP 内核支持 Unicode，因此所有的语言版本的 Windows XP，都可以显示和识别其他地区的文字。

④ 机内码。国标码进入计算机内还必须转换成汉字机内码，这是因为国标码是由两个字节的各 8 位二进制数来表示的，而英文是用一个字节 8 位（ASCII 码）来表示的。由于编码是连排的，为解决计算机中混合使用汉字和英文时需自动识别的问题，引进了汉字内码。

汉字内码必须将 ASCII 码与汉字编码严格区别，不能产生二义性，并便于计算机内部的处理、查找及字库管理。目前计算机采用的汉字内码绝大部分是"高位为 1 的两字节码"，即把汉字标准码的两个字节的最高位置为"1"，就得到汉字内码，这样就可以区分是汉字还是英文字符了。

对于 ASCII 码采用 7 位 128 个字符，全部英文字母和常用的字符都有了，高位为 0；而国标码的高位是 1。这样就不会产生混淆的情况。

⑤ 国标码与机内码的转换。一般来说，将国标码转换成机内码只要加上 8080H 即可，8080H 即二进制的 10000000，10000000。各种汉字编码之间的关系如图 2-6 所示。

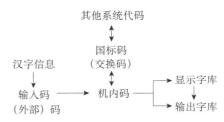

图 2-6　各种汉字编码之间的关系

⑥ 汉字的输入。键盘输入法是最常见的文字输入法。通过键盘把输入的每个文字字母、数字、各种符号和文字字符转换成它们所对应的代码，供计算机处理。

目前使用的汉字键盘输入法可以分为五类，如图 2-7 所示，其中音码和形码中的五笔字型为最常用的键盘输入法。

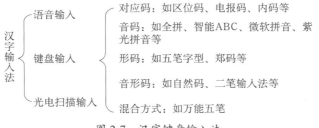

图 2-7　汉字键盘输入法

音码输入法以汉字的拼音作为输入依据，这类输入法有很多，如全拼、双拼、智能 ABC、微软拼音、QQ 拼音、搜狗拼音等。音码输入法的优缺点如图 2-8 所示。

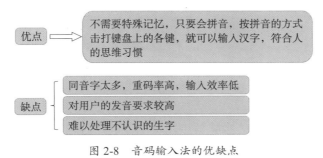

图 2-8　音码输入法的优缺点

这类输入方法非常适合普通的计算机操作者，应用非常广泛，但还不能很好地满足专业印前处理人员高效录入文字的需求。

形码输入法以汉字的字形（笔画、部首）作为输入依据。汉字是由许多相对独立的基本部分组成的，例如，"好"字是由"女"和"子"组成的，"助"字是由"且"和"力"组成的，这里的"女""子""且""力"在形码输入法中称为字根或字元。

形码输入法是一种将字根（或字元）对应键盘上的某个单键，再由数个单键组合成汉字的输入方法。最具代表性的形码输入法为五笔字型。每个字按拆分后的字根击打相应的键，即可输入该字。其他形码输入法还有郑码、表形码等。形码输入法的优缺点如图2-9所示。

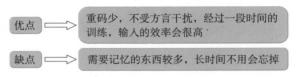

图 2-9　形码输入法的优缺点

利用汉字的编码技术，可以解决汉字在计算机中的存储与管理问题，如要存储"啊"字，只需存储它的编码"1601"即可。但是，根据国标码"1601"却无法知道"啊"字的形状，也无法进行该字的显示和输出，这时就需要借助字库技术，如图2-10所示。

图 2-10　字库技术

3. 字库技术

汉字是特殊的图形。在输出时，每个汉字就是一个图形，显示一个汉字就是显示一个图形符号。这个图形符号就称为字模，字模集就是字库。有的资料上说字库是输出设备的一个组成部分，可以进一步看出字库在印刷输出中的位置。

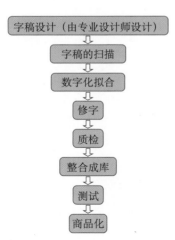

图 2-11　文字库的制作过程

毕升活字印刷的字库，先用胶泥做成一个个规格统一的单字，用火烧硬，使其成为胶泥活字，然后把它们分类放在木格里以备排版之需，这就是毕升的字库。排版时，用一块带框的铁板作底托，上面敷一层用松脂、蜡和纸灰混合制成的药剂，然后把需要的胶泥活字一个个地从字库中拣出来，排进框内，排满就成为一版，再用火烤。等药剂稍熔化，用一块平板把字面压平，待药剂冷却凝固后，就成为版型。文字库的制作过程，如图2-11所示。

（1）点阵字。点阵字（位图字）技术是以横向扫描线上点阵的黑或白（以二进制数表示时，为1或0）来记录的，每一点以一位表示。点阵字是数字字模最早形式。

点阵字的缺点是：数据量大，放大后会出现明显的锯齿边，这严重地影响了大字的输出质量，如图2-12所示。

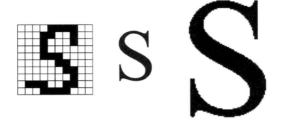

图 2-12 点阵字

（2）矢量字。矢量字是轮廓字的一种，这种字符的外轮廓由一系列直线段来描述，矢量字体中保存的是该字符外轮廓一系列直线坐标，即它所记录的是字符外形轮廓的矢量坐标对，以折线表现字形轮廓，如图 2-13 所示。

与点阵字相比较，矢量字体的最大优点是数据压缩量大。但大字仍有"刀割"现象。

图 2-13 矢量字

（3）曲线字。以高次曲线代替矢量字轮廓的一次直线的方程，即为曲线字。曲线字库在放大后仍能保证光滑，如图 2-14 所示。下面介绍两种曲线字。

图 2-14 曲线字

① PostScript 字体（ Adobe 公司）。如 Adobe Type 0、Adobe Type 1、Adobe Type 3 等，是用三次 Bezier 曲线来描述的。它只能在输出 PS 文件的打印机上输出。因为它是用 PS 语言编写的，必须有 PS 输出驱动器才能转换成输出机器的点阵输出，如图 2-15 所示。

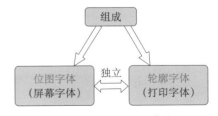

图 2-15 PostScript 字体

② TrueType 字体。它是二次 B 样条曲线描述的字体技术，也是桌面出版系统的两大操作平台——Mac OS 和 Windows 的开发商 Apple 公司与 Microsoft 公司联合制定的，因而这两种操作系统都内置 TrueType 的解释器，从系统级上支持 TrueType 字形技术，任何 Windows 所支持的输出设备均能用于 TrueType 字体的输出。

TrueType 字体优点：真正的所见即所得字体。由于 TrueType 字体支持几乎所有输出设备，因而无论在屏幕、激光打印机、激光照排机上，还是在彩色喷墨打印机上，均能以设备的分辨率输出，因而输出很光滑。

支持字体嵌入技术，存盘时可将文件中使用的所有 TrueType 字体采用嵌入方式并存入文件之中，使整个文件中所有字体可方便地传递到其他计算机中使用。嵌入技术可保证未安装相应字体的计算机能以原格式使用原字体打印。

TrueType 字体不足：TrueType 既可以用作打印字体，又可以用作屏幕显示；由于它是由指令对字形进行描述的，因此它与分辨率无关，输出时总按照打印机的分辨率输出。无论放大或缩小，字符总是光滑的，不会有锯齿出现。但相对 PostScript 字体来说，其质量要差一些。特别是在文字太小时，就表现得不是很清楚。

2.1.2 开本知识

在进行书籍装帧设计时，遇到的第一课题就是确定书籍的开本。书籍的开本是指书籍的幅面大小，即书的尺寸或面积，通常用"开"或"开本"来做单位，如 16 开、32 开、64 开等，或 16 开本、32 开本、64 开本等。

开本的大小是根据纸张的规格来确定的，纸张的规格越多，开本的规格也就越多，选择开本的自由度也就越大。

目前图书常用两种规格的纸质：正度（787×1092）和大度（889×1194）。

1．开本的认识

目前常用的全开纸张有四种规格：787mm×1092mm，850mm×1168mm，880mm×1230mm 和 889mm×1194mm。将一张全开纸裁切成多个幅面相等的张数，这个张数被称为书籍的开数或开本数。例如，将一张全开纸裁切成幅面相等的 16 小页，称为 16 开，开切成 32 小页，称为 32 开，其余类推。常用的书籍开本幅面比较，如表 2-2 所示。

表 2-2　常用的书籍开本幅面比较（单位：mm）

开本	书籍幅面（净尺寸）		全开纸张幅面
	宽度	高度	
8	260	376	787×1092
大8	280	406	850×1168
大8	296	420	880×1230
大8	285	420	889×1194
16	185	260	787×1092
大16	203	280	850×1168
大16	210	296	880×1230
大16	210	285	889×1194
32	130	184	787×1092
大32	140	203	850×1168
大32	148	210	880×1230
大32	142	210	889×1194
64	92	126	787×1092
大64	101	137	850×1168
大64	105	144	880×1230
大64	105	138	889×1194

由于各种不同全开纸张的幅面大小差异，故同开数的书籍幅面因所用全开纸张不同而有大小差异，如书籍版权页上"787×1092 1/16"是指该书籍是用 787mm×1092mm 规格尺寸的全开纸张切成的 16 开本书籍。

又如版权页上的"850×1168 1/16"，是指该书籍是用 850mm×1168mm 规格尺寸的全开纸切成的 16 开本书籍，为了区别这种开数相等而面积不同的开本书籍，通常把前一种称为 16 开，后一种称为大 16 开。

2. 纸张的开切方法

书籍适用的开本多种多样，有的需要大开本，有的需要小开本，有的需要长方形开本，有的则需要正方形开本。这些不同的要求只能在纸张的开切上来解决。纸张的开切方法大致可分为几何开切法、非几何开切法和特殊开切法。最常见的几何开切法，它是以 2、4、8、16、32、64、128、……的几何级数来开切的，这是一种合理的、规范的开切法，纸张利用率高，能用机器折页，印刷和装订都很方便如图 2-16 所示。

图 2-16　纸张的开切方法

2.1.3 出血处理

1. 出血的概念

出血线，是用来固定图片或色地的那些部分需要被裁切掉的线。出血线以外的部分会在印刷品装订前被裁切掉，也叫裁切线。

印刷品印完后，为使成品外观整齐，必须将不整齐的边缘裁切掉。裁掉的边缘一般需要留有一定的宽度，这个宽度就是"出血位"。在纸质印刷品中，要求精度较高的时候，会把文字或图片（大部分是图片）超出原本定义文档的范围，覆盖到页面边缘，称为"出血"。

出血的设置界面，如图 2-17 所示。出血线在页面中的位置如图 2-18 所示。钢刀沿出血线裁切如图 2-19 所示。由于钢刀裁切时的精度问题，没有出血的图片很可能留下飞白，如图 2-20 所示。

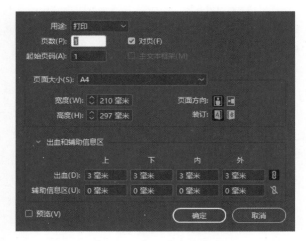

图 2-17　出血的设置界面

图 2-18　出血线在页面中的位置

● 钢刀沿出血线裁切

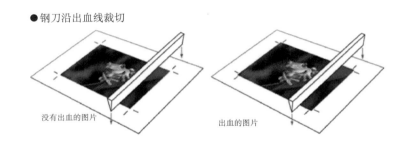

没有出血的图片　　　　　　　　　　　出血的图片

图 2-19　钢刀沿出血线裁切

● 由于钢刀裁切时的精度问题，没有出血的图片很可能留下飞白

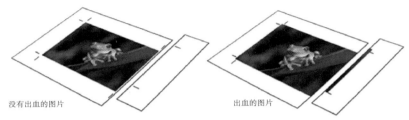

没有出血的图片　　　　　　　　　　　出血的图片

图 2-20　因钢刀精度问题没有出血的图片留下飞白

2. 出血处理及标准

那么到底哪些地方要做出血呢？这要看印刷和印后加工的要求了，具体来讲有以下几个方面：

（1）书刊或单页类产品的裁切边缘。为了避免因裁切不准而造成的边缘漏白现象，像书刊的三个切口、宣传页、证卡、折页等产品的边缘都要做出血处理。

（2）包装盒的切口和折叠部分边缘。包装盒的切口部分与前边所讲的同理，需要做出血处理，同时为了避免由模切和成盒工序中的误差造成包装盒的某一面漏白或出现不该出现的内容，也要做出血处理。

（3）一般地，在印刷界已经将 3mm 出血公认为出血的标准。当然，大多数印刷品的出血都设置为 3mm，但具体情况要具体分析。如果你做的出血不是 3mm，应当向印刷商或印后加工商提前说明，以免造成不必要的损失。

2.2　版面设计概述

2.2.1　版面设计基础

书籍的基本构成如图 2-21 所示，下面主要介绍几个常见的部分。

封面，又称封一、前封面、封皮、书面，封面印有书名、作者、译者姓名和出版社的名称。封面起着美化书刊和保护书芯的作用。

封底，又称封四、底封，图书在封底的下方统一印书号和定价信息，期刊在封底印版权页，或用来印目录及其他非正文部分的文字、图片。

书脊，又称封脊，书脊是指连接封面和封底的书脊部。书脊上一般印有书名、册次（卷、集、册）、作者、译者姓名和出版社名，以便于查找。

书冠，是指封面上方印书名文字的部分。

书脚，是指封面下方印出版单位名称的部分。

扉页，又称里封面或副封面，是指在书籍封面或衬页之后、正文之前的一页。

篇章页，又称中扉页或隔页，是指在正文各篇、章起始前排的，印有篇、编或章名称的一面单页。

目录，是书刊中章、节标题的记录，起到主题索引的作用，便于读者查找。目录一般放在书刊正文之前（期刊中因印张所限，常将目录放在封二、封三或封四上）。

版权页，是指版本的记录页。版权页中，按有关规定记录有书名、作者或译者姓名、出版社、发行者、印刷者、版次、印次、印数、开本、印张、字数、出版年月、定价、书号等项目。

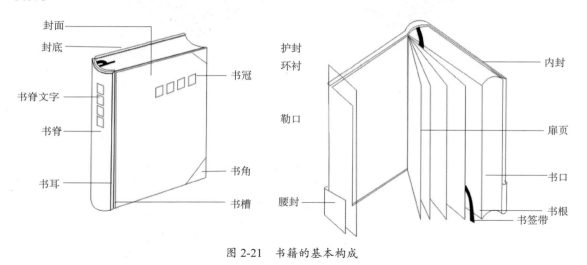

图 2-21　书籍的基本构成

2.2.2 开本设计

开本的确定，除纸张因素外，还要根据书籍的不同性质、内容和原稿的篇幅及读者的对象来决定。

从国内出版现状来看，学术理论著作和教材类书籍的开本，由于文字较多，放在桌上阅读，一般采用大 32 开本和 16 开本为多见，以便减少书页和书背的厚度。

通俗读物类或文字较少的稿件，如小说、诗歌、散文等，一般采用 32 开本、36 开本和 48 开本即可，主要是为方便读者携带。

画册、画报和图片较多的书籍，则采用 16 开本、大 16 开本或 8 开本，以便更好发挥图片的作用。

字典、词典、辞海类书主要以字的容量来决定开本，往往以 32 开本、大 32 开本和 36

开本、64 开本为多见，也有 16 开本和仅 128 开本的字典等。儿童读物，图文并茂，插图较多，选用的字体又不宜太小，通常采用正方形开本，如 24 开本或 28 开本，并用硬皮精装，以方便儿童翻阅和避免损坏等。

2.3 版式设计概述

2.3.1 版式设计概念

所谓的版式设计，就是在版面上将有限的视觉元素进行排列组合，将理性思维个性化地表现出来，它是一种具有个人风格和艺术特色的视觉传达方式。它在传达信息的同时，也产生了视觉上的美感。版式设计的范围非常广泛，涉及报纸、杂志、书籍、画册、楼盘样书、挂历和招贴海报等平面设计的各个领域，它的设计原理和理论贯穿于每一个平面设计的始终。

2.3.2 版式设计的视觉流程

1. 单向视觉流程

（1）横向。将文字、符号及图形元素有序统一地横向组织构图。性格情绪：单纯、理性、恬静。

（2）纵向。将文字、符号及图形元素有序统一地纵向组织构图。性格情绪：坚定、直接、端庄。

（3）斜向。将文字或符号斜向排列摆放，利用斜向的不稳定感吸引读者的视觉。性格情绪：不可靠、灵动、活泼。

（4）最佳视域—标题型。标题在上方，往下是图、文字及标志图形。诉求的重点在标题或标语上，适合特定观念宣传。

单向视觉流程示例如图 2-22 所示。

2. 曲线视觉流程

各视觉要素随弧线或回旋线而运动变化的视觉流程称为曲线视觉流程，如图 2-23 所示。常用方式有 C 型、S 型、O 型。性格情绪：灵动、周全。

（a）单向视觉流程—横向　　　　　　（b）单向视觉流程—纵向

图 2-22　单向视觉流程示例

（c）最佳视域—标题型　　　　　　　　　（d）单向视觉流程—斜向

图 2-22　单向视觉流程示例（续）

（a）C 型　　　　　　　　　（b）S 型　　　　　　　　　（c）O 型

图 2-23　曲线视觉流程示例

3. 重心视觉流程

（1）集中型。将构成要素纳入一个呈集中状的结构中，统一于视觉中心。这种编排方式具有强烈的动势感与视觉刺激力度，能很快捕捉到视线。性格情绪：单纯、不稳定、活泼、张扬。

（2）放射型。将构成要素纳入一个呈放射状的结构中。

（3）中心型。以强烈的图形形象或文字占据版面的中心位置，或以向心、离心的视觉运动诱导流程。性格情绪：严肃、端庄、权威。

重心视觉流程示例如图 2-24 所示。

（a）集中型　　　　　　　　（b）放射型　　　　　　　　（c）中心型

图 2-24　重心视觉流程示例

4. 反复视觉流程

（1）棋盘型（网格型）：将版面全部或部分分做棋盘似的等量形态再以构成元素填充、划分区域。

（2）重复型：将同一构成要素或近似构成要素做三次以上的重复编排。性格情绪：严谨、理性、稳定、乐感。

反复视觉流程示例如图 2-25 所示。

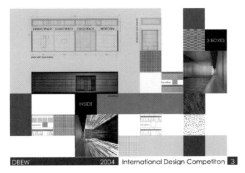

（a）棋盘型　　　　　　　　　　　　　　　（b）重复型

图 2-25　反复视觉流程示例

5. 导向视觉流程

（1）实线引导：以箭头型或类箭头型实体构成要素作为导向。

（2）张力引导：利用动势或视觉张力作为导向。性格情绪：简明、流畅、有序。

导向视觉流程示例如图 2-26 所示。

（a）实线引导　　　　　　　　　　　　　　　（b）张力引导

图 2-26　导向视觉流程示例

6. 散点视觉流程

将要素在版面上做不规则的散点构成，形成一种随意的不经心似的视觉效果。性格情绪：随便、平常、无序、亲切、轻松。散点视觉流程示例如图 2-27 所示。

图 2-27　散点视觉流程示例

2.3.3　版式设计的形式美法则

1. 对比与协调

对比是产生强烈视觉刺激的基础，而协调是缓和矛盾的方法。两者是相对而言的，没有协调就没有对比，相互作用，不可分割，共同营造版面的美感。设计中应注意元素的整体与部分及部分与部分之间的对比协调关系，使版面的效果在最大限度上取得视觉和谐。

2. 虚实与留白

虚实与留白是在版式设计中设定元素主次关系的基本手法之一。实是虚的基础，虚是实的补充。利用虚实关系的对比可以避免次要部分的视觉干扰，突出主体部分，使画面具有空间与层次美感。

3. 节奏与韵律

利用版面的节奏与韵律给受众以视觉和心理上的节奏感。可增强版面的感染力，使版式富有动感和流畅性。注意节奏与韵律的变化，切勿失序，否则将破坏版面整体视觉效果的和谐性。虚实关系的极致形态表现为画面中的实体与留白对比。

4. 变异与秩序

在版式设计中，变异是指规律的突破，是一种在整体协调中的局部突变。这一突变往往成为整个版面最具动感、最引人注目的焦点。秩序是版式设计的灵魂，它能体现版面的科学性和条理性。在秩序美中融入变异形式，可使版面获得生动活泼的新视觉感受。

5. 平衡与律动

版式设计中的平衡不是力学或数学上的平衡，而是在于如何求得视觉上的安定与心理上的平衡。例如形态、色彩、材质在画面中所具有的质量、大小、明暗、色彩、强弱、质感等，都必须保持平衡状态，才会令人产生安定的感觉。凡是规则的或不规则的反复和排列，或属于周期性、渐变性的现象，均是律动。它给人具有抑扬顿挫而又有统一感的运动现象。如音乐的高低强弱、四季的轮回更替等。

版式设计的形式美法则示例如图 2-28 所示。

（a）对比与协调　　　　　　　　（b）虚实与留白

 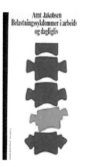 

（c）节奏与韵律　　　　（d）变异与秩序　　（e）平衡与律动

图 2-28　版式设计的形式美法则示例

2.3.4 版式设计的类型

版式设计的类型主要包括骨格型、满版型、上下分割型、左右分割型、中轴型、曲线型、倾斜型、对称型、重心型、三角型、并置型、自由型和四角型等 13 种。

我们将以图文结合的方式简要介绍这些常用版式类型的特点。

1. 骨格型

骨格型版式是较为规范也较为理性的分割方法。常见的骨格型包括竖向的通栏、双栏、三栏、四栏和横向的通栏、双栏、三栏、四栏等，一般以竖向分栏为多。按照骨格比例对图片和文字编排后，往往会给人以严谨、和谐和理性的美。骨格型版式设计如图 2-29 所示。

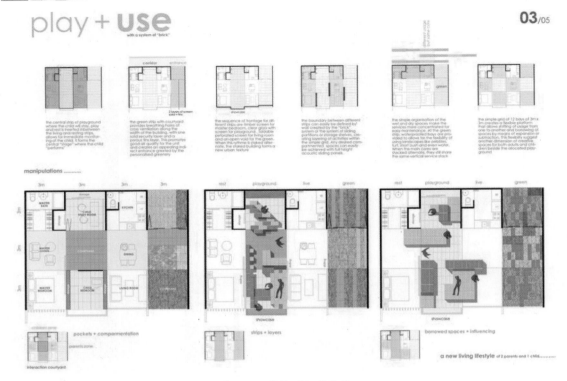

图 2-29　骨格型版式设计

2. 满版型

满版型版式主要以图片为诉求对象。版面往往以图片充满整个版面，视觉传达效果直观而强烈。文字会压置在上下、左右或中部（边部和中心）的图像上。满版型版式一般会给人以大方、舒展的感觉，是商品广告或海报中的常用版式类型。满版型版式设计如图 2-30 所示。

图 2-30　满版型版式设计

3. 上下分割型

上下分割型版式是将整个版面分成上下两部分，在上半部或下半部配置图片（可以单幅或多幅），另一部分则配置文字。图片部分会显得感性而有活力，而文字部分则会显得理性而静止，整个版面自然会产生一种动静对比关系。上下分割型版式设计如图 2-31 所示。

图 2-31　上下分割型版式设计

4. 左右分割型

左右分割型版式是将整个版面分割为左右两部分，分别配置文字和图片。左右两部分形成强弱对比时，会造成视觉错觉，这是一种视觉习惯上的问题，但总体来看，它不如上下分割型的版面视觉流程自然。如果能将分割线虚化处理，或者使用文字左右重复穿插，可以减缓这种视觉错觉。左右分割型版式设计如图 2-32 所示。

图 2-32　左右分割型版式设计

5. 中轴型

中轴型版式是将图形做水平方向或垂直方向的排列，文字配置在上下或左右。水平排列的中轴型版面，会给人以稳定、安静、平和及含蓄的感觉。垂直排列的中轴型版面，则会给人以一种强烈的动感。中轴型版式设计如图 2-33 所示。

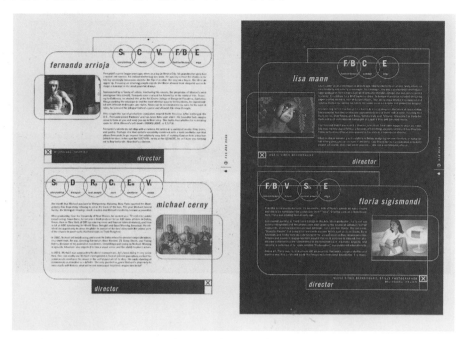

图 2-33　中轴型版式设计

6. 曲线型

曲线型版式是将图片和文字按照曲线形态排列，这样会使整个版面产生韵律感与节奏感。曲线型版式设计如图 2-34 所示。

图 2-34　曲线型版式设计

7. 倾斜型

倾斜型版式是将主体形象或多幅图片进行倾斜编排，使版面产生不稳重感和强烈动感，进而达到引人注目的目的。倾斜型版式设计如图 2-35 所示。

图 2-35　倾斜型版式设计

8. 对称型

对称型版式分为绝对对称和相对对称（即均衡）两种。一般多采用相对对称手法，以避免版面的过于严谨。对称型往往会给人以稳重、严肃和理性的感觉。对称型版式设计如图 2-36 所示。

图 2-36　对称型版式设计

9. 重心型

重心型版式可以产生视觉焦点，使其更加突出。通常情况下，重心型版式分为三种类型：一是中心，直接以独立而轮廓分明的形象占据版面中心；二是向心，视觉元素向版面中心聚集的运动；三是离心，犹如石子投入水中，产生一圈一圈向外扩散的弧线的运动。重心型版式计如图 2-37 所示。

10. 三角型

正三角形是最具有稳定性的图形，三角型的版式设计也会同样给人以稳定感。三角型版式设计如图 2-38 所示。

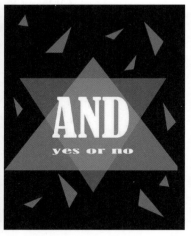

图 2-37　重心型版式计　　　　　　　　　　　图 2-38　三角型版式设计

11. 并置型

并置型版式是将相同或不同的图片或图形进行大小相同而位置不同的重复排列。并置型版式往往会赋予版面以秩序、安静、调和及节奏感。并置型版式设计如图 2-39 所示。

12. 自由型

自由型版式是一种无规律的、随意的编排构成，具有活泼、愉悦的感觉。自由型版式的代表作品如图 2-40 所示。

图 2-39　并置型版式设计　　　　　　　　　　图 2-40　自由型版式的代表作品

13. 四角型

四角型版式是在版面四角及连接四角的对角线结构上编排图形，通常会给人一种严谨、规范的感觉。四角型版式设计如图 2-41 所示。

图 2-41 四角型版式设计

2.3.5 版式设计的基本流程

1. 主题应鲜明突出

按照主从关系顺序，使放大主体形象成为视觉中心，以此表达主题思想。将文案中多种信息作整体编排设计，有助于主体形象的建立。在主体形象的四周增加空白量，使被强调的主体形象更加鲜明突出。

2. 形式与内容应统一

版式设计的完美视觉必须符合主题思想内容，这是版式设计的基本前提。所以，设计师只有将二者有机统一，先深入领会其主题的思想精神，再融合自己的思想情感，版式设计才会体现出它的使用价值和艺术价值。

3. 整体布局应强化

一要强化整体的结构组织和方向视觉秩序，如水平结构、垂直结构、斜向结构和曲线结构等。

二要强化文案的集合性。将文案中多种信息组合成块状，使版面具有条理性。

三要强化展开页的整体特征。无论是报纸的展开版面，还是杂志的跨页，均应在同视线下展示，因此，强化整体性，可获得更良好的视觉效果。

第 3 章 InDesign的基础操作

在使用 InDesign 时，基础操作的学习非常重要，如新建文档、打开文档、存储文档等。本章对文档的设置和主页的基本操作等进行详细的讲解。通过本章的学习，读者可以了解并掌握 InDesign CC 的基本功能，为进一步学习 InDesign CC 的应用打下坚实的基础。

学习目标：
- 掌握使用应用程序栏
- 掌握使用面板
- 掌握主页的使用

技能目标：
- 掌握使用工作区及导览虚拟出版物的几个页面

3.1 文档基本操作

掌握一些基本文档的操作，是版式设计和制作作品的基础。文档的基本操作包括创建新的文档、设置边距、存储文档及恢复文档等内容，下面对不同的基本操作做详细的介绍。

InDesign 的基础
操作 .mp4

3.1.1 创建新的文档

图 3-1 "新建"按钮

启动 InDesign 后，需要根据不同的任务创建新的文档，然后才能进行排版编辑工作。在 InDesign 中创建新的文档，可以通过"起点"工作区创建，也可以通过执行"文件"→"新建"→"文档"菜单命令创建。

（1）启动 InDesign CC，显示"起点"工作区，在工作区中单击左侧的"新建"按钮，如图 3-1 所示。

（2）打开"新建"菜单，有文档、书籍、库三个选项，可以根据实际的任务进行选择，这里我们以文档的任务为例进行讲解，如图 3-2 所示。

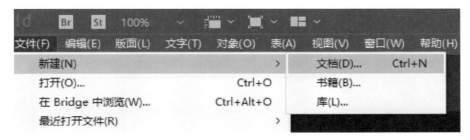

图 3-2 "新建"菜单

（3）在打开的界面中指定新建文档的页面宽度、高度等选项，设置后单击"边距和分栏"按钮，如图 3-3 所示。

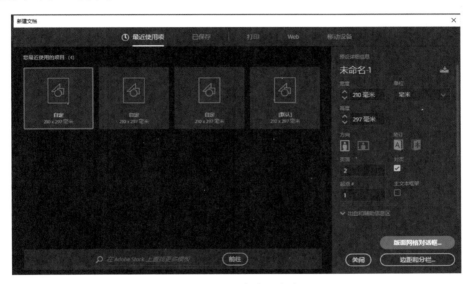

图 3-3 设置宽度和高度

（4）在打开的"新建边距和分栏"对话框中，设置新建文档的边距，输入创建的文档栏数及栏间距等，如图 3-4 所示。

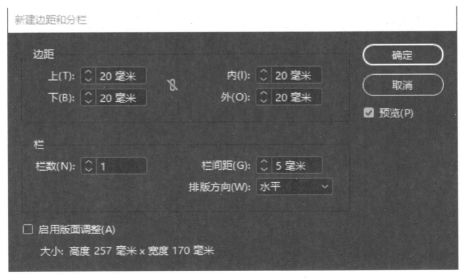

图 3-4 "新建边距和分栏"对话框

（5）设置完成后单击对话框右上角的"确定"按钮，即可创建相应宽度、高度及栏数的空白文档，如图 3-5 所示。

图 3-5　创建的空白文档

3.1.2　存储文档

新建文档后，可以使用"存储"命令直接进行保存，但如果不想替代原文件而进行保存，则可以使用"存储为"命令进行保存。

（1）打开 01.indd，打开后的文档效果如图 3-6 所示。

图 3-6　文档效果

（2）执行"文件"→"存储为"菜单命令，如图 3-7 所示。

（3）打开"存储为"对话框，在对话框的"文件名"文本框中输入文件的名称，在"保存类型"下拉列表中选择文件保存类型，然后单击"保存"按钮，如图 3-8 所示。即可在指定文件夹中查看存储后的文档效果，如图 3-9 所示。

图 3-7 "存储为"菜单命令　　　　　　　　　图 3-8 "存储为"对话框

图 3-9 存储后的文档效果

3.1.3 预览文档

通过工具箱中的预览工具来预览文档，如图 3-10 所示。

（1）正常：单击工具箱底部的"正常显示模式"按钮▣，文档将以正常模式显示，包括出血线、参考线等，如图 3-11 所示。

（2）预览：单击工具箱底部的"预览显示模式"按钮▣，文档将以预览模式显示，可以显示文档的实际效果，如图 3-12 所示。

图 3-10 预览工具

图 3-11　正常显示模式效果

图 3-12　预览显示模式效果

（3）出血：单击工具箱底部的"出血模式"按钮▣，文档将以出血模式显示，可以显示文档及其出血部分的效果，如图 3-13 所示。

（4）辅助信息区：单击工具箱底部的"辅助信息区"按钮▣，可以显示文档制作为成品后的效果，如图 3-14 所示。

图 3-13　出血模式效果

图 3-14　辅助信息区效果

（5）演示文稿：单击工具箱底部的"演示文稿"按钮，InDesign 文档以演示文稿的形式显示。在演示文稿模式下，应用程序栏、面板、参考线及框架边缘都是隐藏的。

3.2　强大的主页

3.2.1　InDesign基础的基础——主页

主页就像父母，把基因传给了子女，人们常说虎父无犬子，孩子总是有些地方与父母相象的，当然父亲也遗传自爷爷。

以某个主页为基础创建一系列的主页，修改原主页，其他相关的主页也会更改。也就是说 InDesign 的主页可以具有父子关系，例如，在父主页上添加对象，这个对象也会出现在子主页上，如图 3-15 和图 3-16 所示。页面与主页也同样拥有这样的关系。

注意：若不想让新建的主页和原主页具有父子关系，可以使用"新建主页"命令而不是用"复制主页"命令。如果想取消当前文档页面或主页应用的主页，可把"[无]"主页应用到需要取消的页面。"页面"面板如图 3-17 所示。

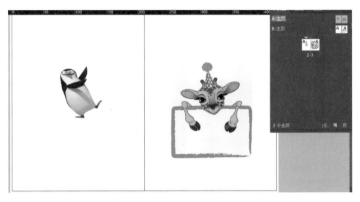

图 3-15 　A 主页

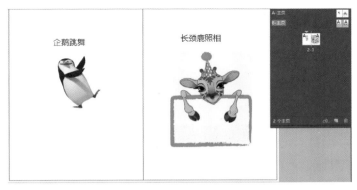

图 3-16 　B 主页

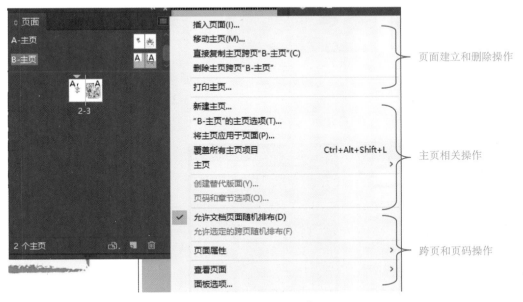

图 3-17 　"页面"面板

3.2.2 创建新的主页

（1）打开文件 3-3.indd，再打开"页面"面板，①单击右上角的"扩展"按钮，②在展开的面板菜单中执行"新建主页"命令，如图3-18所示。

（2）打开"新建主页"对话框，在"前缀"文本框中输入"明信片"，"页数"设为1，单击"确定"按钮，如图3-19所示。

图3-18　"新建主页"命令　　　　　　图3-19　"新建主页"对话框

（3）返回"页面"面板，可以看到在"A-主页"的下面创建了一个新的"明信片-主页"，如图3-20所示。

3.2.3　将普通页改成主页

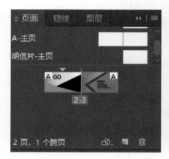
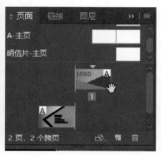

（1）打开文件3-3.indd，再打开"页面"面板，选中需要改建为主页的页面，如图3-21所示。

（2）将选中的页面拖动到"页面"面板上方的主页区域，如图3-22所示。

（3）释放鼠标，即可将选中的普通页面改建为"B-主页"，效果如图3-23所示。

图3-20　新建了"明信片-　　图3-21　选中需要改建为主
　　　　　主页"　　　　　　　　　　　页的页面

（4）按住Shift键不放，在"页面"面板中单击选择一个跨页页面，如图3-24所示。

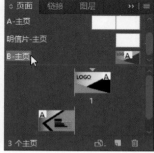
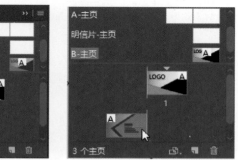

图3-22　将选中的页面拖到主页区域　　图3-23　改建成功　　图3-24　选中跨页页面

（5）单击"页面"面板右上角的"扩展"按钮，在面板菜单中执行"主页"→"存储为主页"命令，如图3-25所示。

（6）执行该菜单命令后，即可将选中的普通页面改建为"C-主页"，效果如图3-26所示。

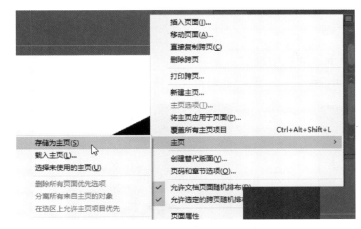

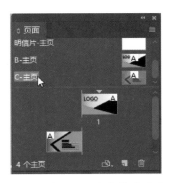

图 3-25 "存储为主页"命令　　　　　　　　图 3-26 改建普通页面

3.2.4 复制主页

（1）打开文件 3-3.indd，在"页面"面板中选中需要复制的主页页面，如图 3-27 所示。

（2）将选中的主页页面拖动到面板右下角的"创建新页面"按钮位置，如图 3-28 所示。

（3）释放鼠标，即可将选中的"A 主页"复制，得到"B- 主页"，如图 3-29 所示。

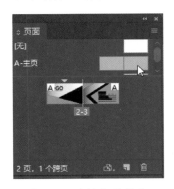
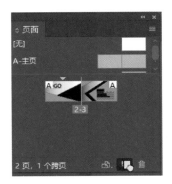
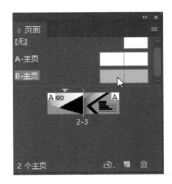

图 3-27 选择主页页面　　　　图 3-28 拖动主页页面　　　　图 3-29 复制得到"B- 主页"

（4）单击"页面"面板右上角的"扩展"按钮，在展开的面板菜单中执行"直接复制主页跨页'B- 主页'"命令，如图 3-30 所示。

（5）复制选中的"B- 主页"页面，得到"C- 主页"页面，如图 3-31 所示。

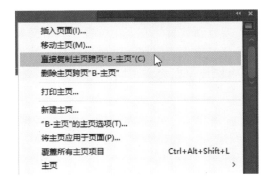
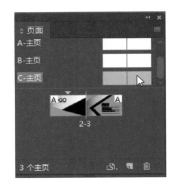

图 3-30 "直接复制主页跨页'B- 主页'"命令　　　　图 3-31 复制得到"C- 主页"

3.2.5　删除主页

（1）打开文件 3-3.indd，在"页面"面板中选中一个主页页面，如图 3-32 所示。

（2）将选中的主页页面拖动到面板下方的"删除选中页面"按钮位置，如图 3-33 所示。

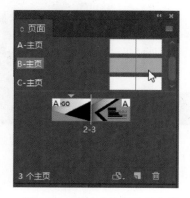

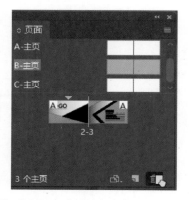

图 3-32　选择需要删除的主页　　　图 3-33　将页面拖置到"删除选中页面"按钮位置

（3）释放鼠标，即可删除选中的"B- 主页"页面，如图 3-34 所示。

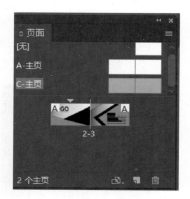

图 3-34　删除后的结果

3.3　标尺和参考线

　　页面辅助元素能够帮助用户精确定位文档中对象的位置和尺寸大小等。页面辅助元素包括网格、标尺和参考线，在实际的操作过程中，结合这几种元素即可准确地调整文档中的对象，得到更工整的版面效果。

3.3.1　标尺

　　InDesign 中比较常用的辅助工具有"标尺"和辅助线。其中"标尺"可以在"视图"菜单中打开，也可以通过快捷键"Ctrl+R"。"标尺"的单位需要在"首选项"中进行调节，国内目前统一使用"毫米"作为最小单位。

　　默认情况下，标尺的原点位于页面的左上角，如果要移动原点，鼠标点住水平标尺和垂直标尺交叉的区域，拖动到要设置的位置即可。若要重新放置到左上角位置，双击交叉的区域就可以移回到原来默认的位置。标尺默认的度量单位是毫米，鼠标右键单击标尺，在弹出的菜单中可以选择所需的度量单位，水平标尺和垂直标尺可以设定不同的度量单位，如图 3-35 所示。

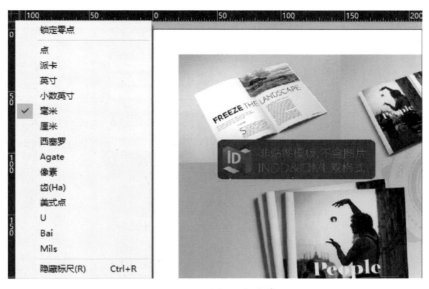

图 3-35 设置标尺度量单位

3.3.2 参考线

"参考线"则可通过拖曳的方式，从"标尺"所在位置拖入，在输出时"参考线"是不会被打印出来的。

选择菜单"编辑"→"首选项"→"参考线和粘贴板"命令，如图 3-36 所示，打开"首选项"对话框的"参考线和粘贴板"选项，设置界面如图 3-37 所示。

图 3-36 "参考线和粘贴板"命令

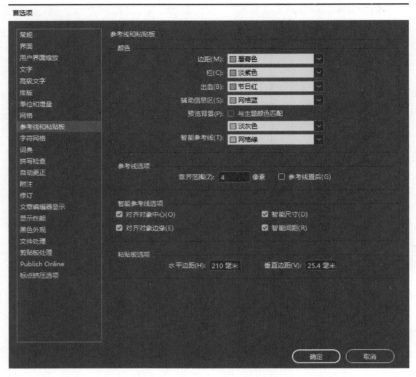

图 3-37 "首选项"对话框的"参考线和粘贴板"选项

　　要创建参考线,直接单击标尺栏然后拖动到绘图区,释放鼠标就可创建一条参考线。要新建水平方向的参考线,则单击水平标尺然后将其拖动到页面中,垂直方向同理。在拖动参考线的时候可以按住 Shift 键,参考线就会与标尺上最近的刻度线对齐,按住 Ctrl 键,将使参考线横跨该跨页的两个页面及两边的粘贴板。若要删除参考线,选中后按 Delete 键就可删除。如果要精确定位参考线的位置,可以通过(变换)面板中的 X 坐标和 Y 坐标上输入数字。参考线设置如图 3-38 所示。

图 3-38 参考线设置

3.4 翻转课堂——制作杂志内页

【练习知识要点】使用多边形工具、角选项命令和矩形工具绘制图形。使用文字工具及颜色面板添加相关信息。本次实训的知识点首先要掌握主页的使用，然后通过在杂志文档中置入文本和图形，完成主次分明的杂志内页排版设计。最终效果图如图 3-39 所示。

图 3-39　制作杂志内页效果

第 4 章　对象的使用

本章介绍

　　InDesign CC 的对象包括选择对象和框架、复制与粘贴对象、旋转对象、对象的锁定与编组等。InDesign 提供了许多用于调整和编辑对象的工具与菜单命令，利用这些功能可以使版面中的各种对象进行准确的调整，从而制作出美观、整齐的版面效果。

学习目标：
- 掌握图层的使用
- 掌握选择工具和直接选择工具的使用
- 掌握变换对象的方法
- 掌握对齐和分布对象的方法

对象的使用——
变换对象 .mp4

技能目标：
- 掌握便签纸的设计与制作方法
- 掌握卡通小熊的设计与制作方法

4.1　使用图层

　　应用 InDesign 进行排版前，需要了解 InDesign 中图层的工作原理，在创建文档时，可根据对象的不同修改图层的名称及添加和删除图层，通过将对象放在不同的图层中，可方便地选择和编辑不同的对象。

4.1.1　新建图层

　　新建文档时，在默认的状态下便会自动产生一个图层，如果图层不够使用时，可以随时新建图层，以达到个别管理不同类型对象的目的。

　　（1）单击"图层面板"按钮，再单击面板下方的"创建新图层"按钮，如图 4-1 所示。

　　（2）软件将以图层 2 的默认名称创建新的图层，如图 4-2 所示。

图 4-1 "图层"面板　　　　　图 4-2　创建新的图层

（3）如果需要在创建图层时重命名图层，可以单击"图层"面板右上角的"扩展"按钮，在展开的面板菜单中选择"'图层 2'的图层选项"命令，如图 4-3 所示。

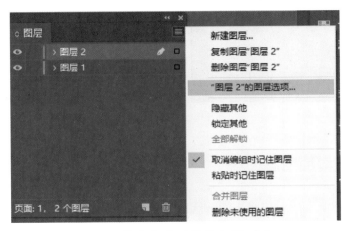

图 4-3　"'图层 2'的图层选项"命令

（4）打开图层 2 的"图层选项"对话框，可以对其名称和颜色进行相应的修改，如图 4-4 所示。

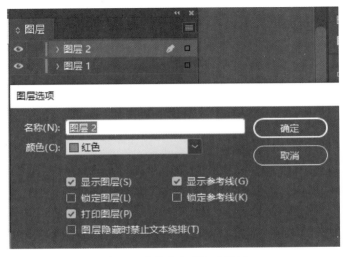

图 4-4　"图层选项"对话框

4.1.2 显示/隐藏图层

显示和隐藏图层，主要用来隐藏暂时不需要处理的对象，以方便图形的编辑。如果要隐藏某个图层，在图层左边的眼睛图标上 ◉ 单击鼠标，使眼睛图标消失，即可完成隐藏图层操作，如图 4-5 所示。再次单击眼睛图标就可重新显示该图层的对象，也可以执行面板的下拉菜单中的"显示全部图层"命令，即可显示所有图层。

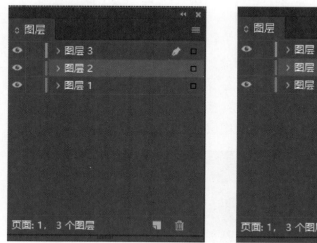

图 4-5　显示和隐藏图层

4.1.3 锁定或解锁图层

锁定图层后，图层上的对象将不能被选定和编辑。如果要锁定某个图层，单击图层左边的"图层锁定按钮"图标，如图 4-6 所示，出现锁定图标即表示该图层已经被锁定，再次单击就可以解锁该图层。

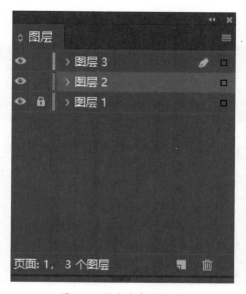

图 4-6　锁定或解锁图层

4.1.4 复制图层

在"图层"面板中选择需要复制的图层，然后按住鼠标左键将其拖动到"创建新图层"按钮上，松开左键就可以复制图层，复制"图层 1"后的效果对比，如图 4-7 所示。也可以在面板的下拉菜单中选择"复制图层"命令来完成操作。

图 4-7 复制"图层 1"后的效果对比

4.1.5 合并图层

按住 Shift 键的同时选取"图层"面板中的多个图层，执行面板下拉菜单中的"合并图层"命令，就可将所选的图层合并成一个图层，对象的排列顺序还是原来的层叠关系，如图 4-8 所示。

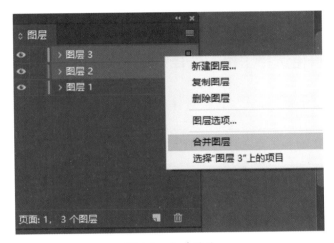

图 4-8 合并图层

4.2 选择对象

在 InDesign 中，选择对象的方法有很多，常用的有两个，一个是选择工具，在要选取的对象上单击，即可选取该对象。如果要选取多个对象，按住 Shift 键的同时，依次单击可以选取多个对象。另一个是直接选择工具，可以选择矢量对象上的节点和端点。

4.2.1 应用"选择工具"选择对象

（1）打开文件 4-1.indd，单击工具箱中的"选择工具"按钮，如图 4-9 所示。

（2）将光标移至图像上，当鼠标指针变为实心的箭头时，单击即可选中框架及框架中的图像，如图 4-10 所示。

图 4-9　工具箱中的"选择工具"按钮

图 4-10　选中框架及框架中的图像

4.2.2 应用"直接选择工具"选择对象节点

（1）打开文件 4-2.indd，单击"直接选择工具"，再单击就可选中该位置矢量对象，如图 4-11 所示。

（2）将鼠标指针移动到需要选择的对象位置，如图 4-12 所示。

图 4-11　选中矢量对象

图 4-12　选择对象

（3）选择对象后如果要选择对象上的单个锚点，可以将鼠标指针移至节点所在位置，单击即可选中，选中后即可看到旁边的控制手柄，如图 4-13 所示。

（4）若要选中不相邻的两个节点，可以按住 Shift 键不放将鼠标指针移动到另一个节点位置，单击即可选中该节点，如图 4-14 所示。

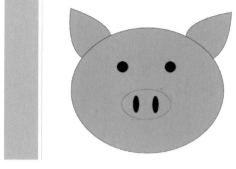

图 4-13 选中对象（对象上的单个锚点）　　　　图 4-14 选中对象（不相邻的两个节点）

4.2.3 全选页面中的对象

（1）打开文件 4-2.indd，执行"编辑"→"全选"菜单命令，如图 4-15 所示。

（2）可以看到页面中所有对象都被选中，如图 4-16 所示。

图 4-15 "全选"菜单命令

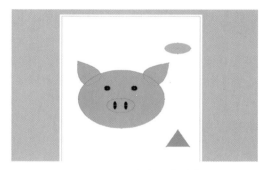

图 4-16 选中所有对象

（3）执行"编辑"→"全部取消选择"菜单命令，取消页面中所有对象的选中状态，如图 4-17 所示。

图 4-17 "全部取消选择"菜单命令

（4）选择工具箱中的"选择工具"按钮，将鼠标指针移到文档页面外，单击并沿文档边缘拖动鼠标，框选文档中所有的对象，如图 4-18 所示。

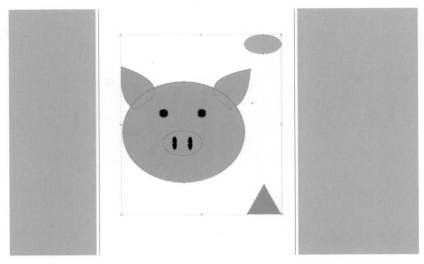

图 4-18 框选文档中所有的对象

4.3 复制与粘贴对象

用 InDesign 编排文档时需要在文档中添加相同的文字或图像，可以选中对象再应用"复制"命令来实现。

4.3.1 复制对象

（1）打开文件 4-3.indd，单击工具箱中的"选择工具"按钮，将鼠标指针移到需要复制的对象上，选中气球，如图 4-19 所示。

图 4-19 选择气球

（2）执行"编辑"→"复制"菜单命令，或者右击对象，在弹出的快捷菜单中执行"复制"命令，复制气球，如图4-20所示。

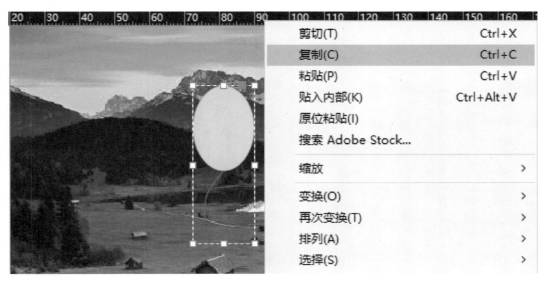

图4-20 "复制"命令

4.3.2 粘贴对象

在InDesign中可以将复制的对象粘贴到指定的文档中，执行"编辑"→"粘贴"菜单命令，可以把对象粘贴到不同的位置上，如果执行"编辑"→"原位粘贴"菜单命令，则会将复制的对象粘贴到与原对象相同的位置上。

（1）打开4-3.indd文件，选择并复制气球，单击鼠标右键，在弹出的快捷菜单中选择"原位粘贴"命令，如图4-21所示。

图4-21 "原位粘贴"命令

（2）此时气球图形粘贴到当前页面中与复制图形相同的位置，并且粘贴的对象位于最上层，如图 4-22 所示。

图 4-22　原位粘贴

（3）若要将复制的对象粘贴到不同的位置上，可以在复制对象后执行"粘贴"命令，在所选对象的旁边会得到一个相同的对象效果，如图 4-23 所示。

图 4-23　粘贴在不同位置

4.4　变换对象

InDesign 提供了用于调整对象大小或形状的变换工具组，包括自由变换工具、旋转工具、缩放工具和切边工具，应用这些工具可以轻松完成对象的调整操作。

4.4.1 移动对象

移动对象是指将对象从原位置移动到不同的位置。先用选择工具选中对象，然后拖动鼠标或按下键盘中的方向键来移动对象。

（1）打开文件4-4.indd，单击工具箱中的"选择工具"按钮，再选中页面中需要移动的对象，如图4-24所示。

图4-24　选中需要移动的对象

（2）拖动选中的对象到合适的位置后释放鼠标，完成对象的移动操作，如图4-25所示。

图4-25　完成移动对象操作

4.4.2 缩放工具

缩放对象是指相对于指定参考点，在水平方向、垂直方向或者同时在水平方向和垂直方向上放大或缩小对象。

（1）打开文件4-5.indd，单击工具箱中的"选择工具"按钮，在页面中选中需要缩放的对象，如图4-26所示。

（2）单击工具箱中的"缩放工具"按钮 ，将鼠标指针移到对象边缘位置，当鼠标指针变为 形状时，单击并拖动，缩放对象，如图4-27所示。

（3）如果要按照一定的比例进行缩放，可以按住键盘中的

图4-26　选中需要缩放的对象

Shift 键不放，然后将鼠标指针移到对象边缘位置，单击并拖动，等比例缩放对象，如图 4-28
所示。

图 4-27　鼠标指针移到对象边缘位置　　　　　　　图 4-28　等比例缩放

（4）选择另一个需要缩放的对象，执行"窗口"→"对象和版面"→"变换"菜单命
令，打开"变换"面板。在"变换"面板中的"X 缩放百分比"或"Y 缩放百分比"框中输
入百分比值，然后按 Enter 键，缩放对象，如图 4-29 所示。

图 4-29　设置缩放比例

（5）执行"对象"→"变换"→"缩放"菜单命令，打开"缩放"对话框。在对话框中
的"X 缩放"或"Y 缩放"数值框中输入百分比值，输入后单击对话框右上方的"确定"按

钮，缩放对象，如图 4-30 所示。

图 4-30 "缩放"对话框

4.4.3 旋转工具

在 InDesign 中，可以通过使用旋转工具和自由变换工具快速旋转对象，也可以直接输入数值实现对象的精确旋转。

（1）打开文件 4-6.indd，单击工具箱中的"旋转工具"按钮，然后在需要选择的图像上单击，这时图像的周围将出现变换控制柄及中心参考点，如图 4-31 所示。

图 4-31 "旋转工具"按钮

（2）选择对象后鼠标指针将变成十字形，如图 4-32 所示。

图 4-32　鼠标指针变为十字形

（3）当鼠标指针变为十字形时，单击并向左侧拖动，拖动到合适的角度后，释放鼠标，旋转对象，在选项栏中会显示旋转的角度值，如图 4-33 所示。

图 4-33　精确旋转对象

4.4.4　切变工具

在 InDesign 中，可以使用切变工具和"变换"面板中的切变功能使对象沿着其水平轴或垂直轴倾斜，还可以同时旋转对象的两个轴。

（1）打开文件 4-7.indd，单击工具箱中的"切变工具"按钮，在需要倾斜的图像上单击，图像周围将出现变换控制柄，如图 4-34 所示。

图 4-34 "切变工具"按钮

（2）将鼠标指针移动至图像右上角位置，单击并向上拖动至合适角度后释放鼠标，对象将沿垂直轴倾斜，同时选项栏会显示倾斜值，如图 4-35 所示。

图 4-35 切变图像效果

4.4.5 顺时针/逆时针90°旋转对象

（1）打开文件 4-8.indd，单击工具箱中的"旋转工具"按钮，再选中需要旋转的对象，如图 4-36 所示。

图 4-36 选中需要旋转的对象

（2）执行菜单"对象"→"变换"→"顺时针旋转90°"命令，将所选对象按顺时针方向旋转90°，如图4-37所示。

图4-37　顺时针方向旋转90°

（3）再执行"对象"→"变换"→"逆时针旋转90°"命令，将所选对象按逆时针方向旋转90°，如图4-38所示。

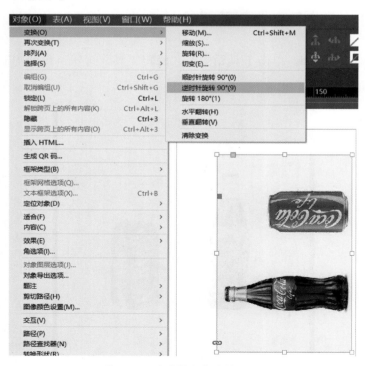

图4-38　逆时针方向旋转90°

4.4.6 水平/垂直反转对象

（1）打开文件 4-9.indd，单击工具箱中的"选择工具"按钮，再选中需要翻转的对象，如图 4-39 所示。

图 4-39　选择需要翻转的对象

（2）执行菜单"对象"→"变换"→"垂直翻转"命令，如图 4-40 所示。

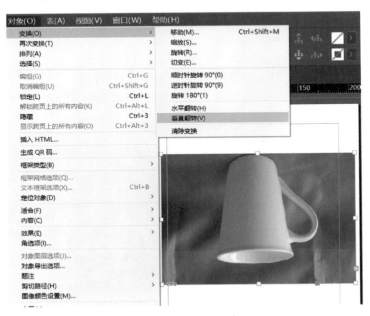

图 4-40　执行"垂直翻转"命令及效果

（3）再执行菜单"对象"→"变换"→"水平翻转"命令，如图 4-41 所示。

图 4-41　执行"水平翻转"命令及效果

4.5 对齐和分布对象

InDesign 中的排序功能可以将对象按先后顺序排列，使页面中的对象层次更分明。选中需要调整顺序的对象，通过执行"排列"命令，就可以将选定对象按指定的顺序重新排列，例如将对象置入顶层、后移一层、前移一层等。

4.5.1 调整对象排列顺序

（1）打开文件 4-10.indd，在工具箱中单击"选择工具"按钮，再选中需要调整顺序的对象，如图 4-42 所示。

图 4-42　选中需要调整顺序的对象

（2）执行"对象"→"排列"→"置于顶层"菜单命令，将心型对象移至页面的最上层，遮住左侧人物对象，如图4-43所示。

图4-43　将对象置于顶层

（3）在工具箱中单击"选择工具"按钮，再选中人物左下侧的树叶，右击对象，在弹出的快捷菜单中执行"排列"→"后移一层"菜单命令，如图4-44所示。

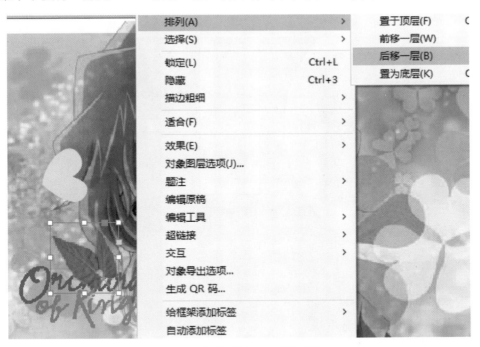

图4-44　执行"后移一层"命令

效果如图4-45所示。

图 4-45　后移一层的效果

4.5.2　对齐对象

（1）打开文件 4-11.indd，单击工具箱中的"选择工具"按钮，再选中需要对齐的多个对象，如图 4-46 所示。

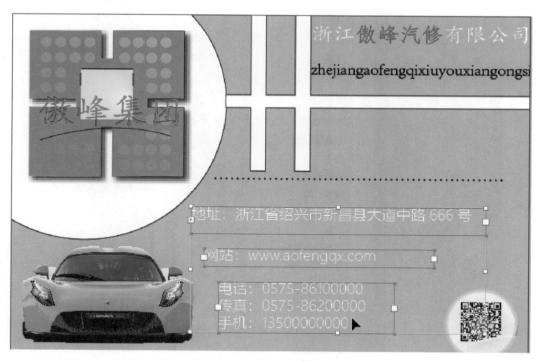

图 4-46　选中需要对齐的对象

（2）执行"窗口"→"对象和版面"→"对齐"菜单命令，打开"对齐"面板。在面板中单击"左对齐"按钮，将所选对象的左边全部对齐在同一条垂直线上，如图 4-47 所示。

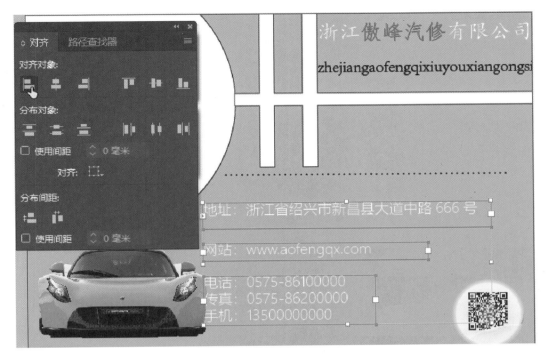

图 4-47 左对齐

（3）单击"对齐"面板中的"水平居中对齐"按钮，将所选的对象全部对齐在同一条垂直线上，如图 4-48 所示。

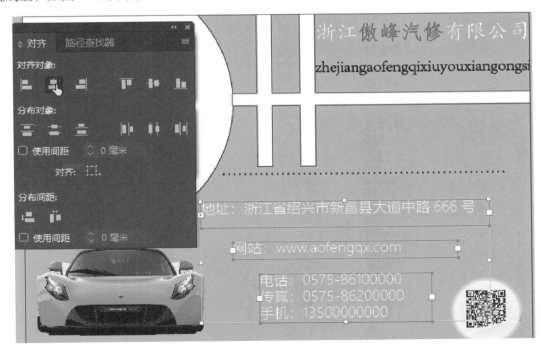

图 4-48 在同一条垂直线上对齐

（4）单击"对齐"面板中的"右对齐"按钮，将所选对象的右边全部对齐在同一条垂直线上，如图 4-49 所示。

图 4-49　右对齐

4.5.3　分布对象

（1）打开素材 4-12.indd，使用选择工具选择需要分布的多个对象，如图 4-50 所示。

图 4-50　选择需要分布的对象

（2）打开"对齐"面板，在面板中设置"使用间距"为 30 毫米，再单击"水平居中分布"按钮，将会沿着选定对象的水平轴均匀分布选定对象，如图 4-51 所示。

图 4-51　水平轴上均匀分布对象

4.6 翻转课堂——绘制卡通小熊

【练习知识要点】使用矩形工具和渐变色板工具绘制底图。再使用多边形工具、角选项命令和不透明度命令绘制装饰星形。然后使用椭圆工具和路径查找器调板绘制眼部的装饰图形。最后使用"复制"命令和"水平翻转"命令制作出右脚，完成的效果如图 4-52 所示。

学生通过本次实训了解矩形工具、渐变工具、"角选项"命令、多边形工具、"不透明度"命令的使用，熟悉掌握"复制"命令、"水平翻转"命令等的操作。

图 4-52　绘制卡通小熊

卡通小熊的绘制

第 5 章 文本与段落

InDesign 对文字的编辑与处理比较灵活而多样，可以用工具箱中的"文字工具"按钮在文档中输入文字，也可以结合字符、字符样式、段落样式等功能，在排版设计时操作方便高效，从而使文字排版效果更为丰富。

学习目标：
- 掌握文本和文本框的编辑技巧
- 掌握字符与段落格式化的控制方法
- 掌握字符和段落样式的创建和编辑技巧

技能目标：
- 掌握时尚杂志封面设计
- 掌握时尚杂志内页设计

5.1 创建文本

InDesign 提供了强大的文字编排功能，包含两种类型的文本框架：一种是纯文本框架，另一种是框架网格，它们的区别是框架网格中的全角字框和间距都显示为网格，而纯文本框架不显示任何网格，这两种类型的文本框架都可以根据需要进行移动和调整大小。

5.1.1 输入文本

在版面编排中，文字是整个版面的灵魂。在 InDesign 中应用"文字工具"可以在页面中指定位置输入文本。和 Photoshop 软件类似，在输入文本前，需要在页面中用"文字工具"创建一个文本框，然后在里面输入相应文字。

（1）启动软件后，执行"文件"→"打开"命令，打开随书资源 5-1.indd, 单击工具箱中的"文字工具"按钮**T**，在页面中单击并拖动鼠标，如图 5-1 所示。

图 5-1 创建文本框

（2）当拖动一定大小后，释放鼠标，根据拖动轨迹创建文本框，并在文本框左上角出现闪烁的插入点，如图 5-2 所示。

图 5-2 文本框

（3）在创建好的文本框中输入相应文字，输入完成后可以对文字的属性进行设置，得到如图 5-3 所示的文字效果。

图 5-3 输入文字

（4）执行菜单"文件"→"存储"命令，保存该页面的位置不变，供下个练习使用。

5.1.2 置入文本

在 InDesign 中，通过"置入"命令，可以把处理好的文本直接导入到 InDesign 文档中。

（1）打开文件 5-1.indd，在页面中绘制一个文本框，执行"文件"→"置入"菜单命令，如图 5-4 所示。

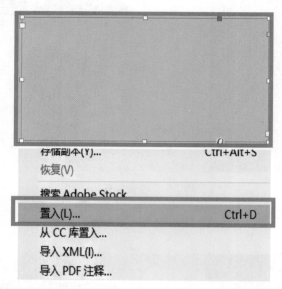

图 5-4 "置入"命令

（2）打开"置入"对话框，在对话框中单击选择需要置入的文本对象，单击"打开"按钮，如图 5-5 所示。

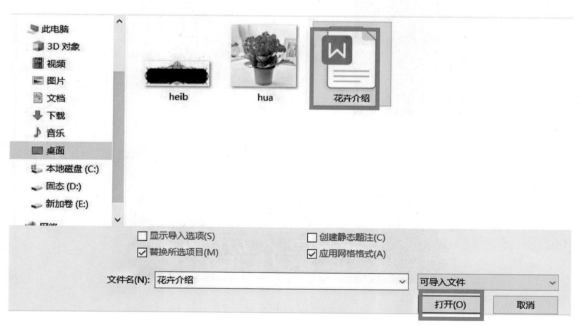

图 5-5 "置入"对话框

（3）返回页面，此时在鼠标指针的右上方会显示已经选取的文本缩览图，在文本框中单击即可将选中的文本置入到文本框中，如图 5-6 所示。

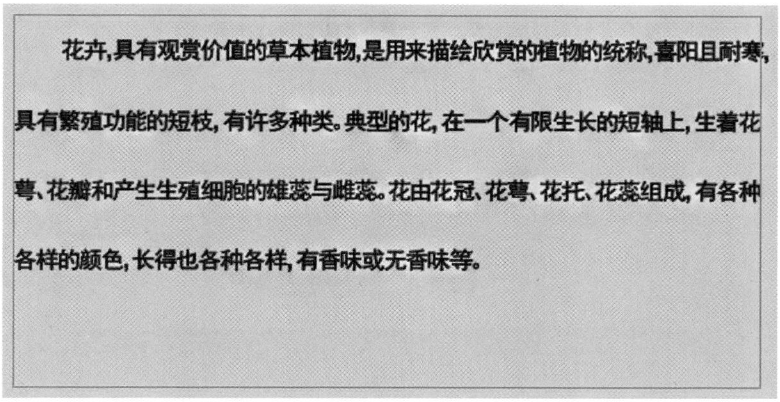

花卉,具有观赏价值的草本植物,是用来描绘欣赏的植物的统称,喜阳且耐寒,
具有繁殖功能的短枝,有许多种类。典型的花,在一个有限生长的短轴上,生着花
萼、花瓣和产生生殖细胞的雄蕊与雌蕊。花由花冠、花萼、花托、花蕊组成,有各种
各样的颜色,长得也各种各样,有香味或无香味等。

图 5-6　置入选中的文本

（4）执行菜单“文件”→“存储”命令，保存该页面的位置不变，供下个练习使用。

桃之夭夭，
灼灼其华。
之子于归，
宜其室家。
出自先秦－
的《桃夭》。

图 5-7　选中文字对象

5.1.3 更改文字方向

（1）应用“选择工具”选中文本框中的文字对象，如图 5-7 所示。

（2）执行“文字”→“排列方向”→“垂直”菜单命令，将原来水平排列的文字更改为垂直排列效果，如图 5-8 所示。

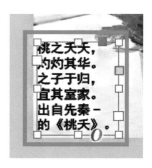

文字(T)
对象(O)
表(A)
视图(V)
窗口(W)
帮助(H)
字体(F)
大小(Z)
排版方向(X)
水平(H)
垂直(V)
字符(C) Ctrl+T
段落(P) Ctrl+Alt+T
制表符(A) Ctrl+Shift+T
字形(G) Alt+Shift+F11
文章(R)
字符样式(Y) Shift+F11
段落样式(L) F11
命名网格(Q)
复合字体(M)... Ctrl+Alt+Shift+F

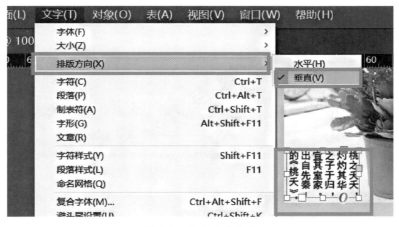

图 5-8　更改文字方向

（3）执行菜单“文件”→“存储”命令，保存该页面的位置不变，供下个练习使用。

5.1.4 创建和编辑路径文字

在 InDesign 中，使用“路径文字工具”和“垂直路径文字工具”都可以沿路径创建文本。在工具箱中的“文字工具”上长按鼠标左键或右击，在展开的工具组中即可选择“路径文字工具”和“垂直路径文字工具”。

（1）打开上次保存的文档，单击工具箱中的"钢笔工具"按钮，在左半边页面的顶部绘制了一条水平的"S"形曲线，如图 5-9 所示。

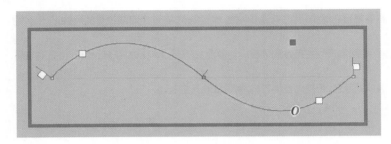

图 5-9　绘制路径

（2）右击工具箱中的"文字工具"按钮，在展开的工具组中选择"路径文字工具"，将鼠标指针移动到绘制路径的左上方，此时鼠标指针变为"I+"型，如图 5-10 所示。

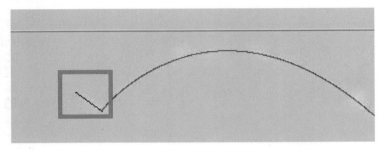

图 5-10　路径文字工具

（3）单击路径，在路径上出现路径文字插入点，输入文字，文字将沿路径形状排列，如图 5-11 所示。

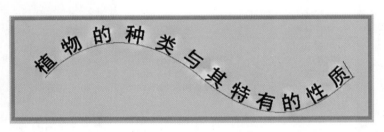

图 5-11　文字沿路径排列

（4）应用"选择工具"，选中路径文本，执行"文本"→"路径文字"→"选项"菜单命令，在打开的"路径文本选项"对话框中设置各选项，设置完成后单击"确定"按钮，如图 5-12 所示。

图 5-12　"路径文本选项"对话框

（5）返回文档窗口，应用设置的选项调整路径文字排列效果，效果如图 5-13 所示。

图 5-13　路径文字排列效果

（6）执行菜单"文件"→"存储"命令，保存该页面的位置不变，供下个练习使用。

5.2　设置文本属性

在 InDesign 中，主要通过"字符"面板设置文字属性，包括更改文字的字体、大小、颜色、字符间距等。通过设置文字属性，能够创建丰富多样的排版效果。

设置文本属
性 .mp4

5.2.1　选择合适字体

使用工具选项栏或"字符"面板中的字体列表选项，可以为文字指定不同的字体。单击"字体系列"下拉按钮，在展开的下拉列表中可以选中其中一种字体，也可以选中后按下键盘中的方向键，在各种字体之间切换。

（1）打开上次保存的文档，使用"文字工具"，在输入的文字上单击并拖动，选中要更改的文字，使其反相显示，如图 5-14 所示。

图 5-14　选中文字

（2）执行"文字"→"字符"菜单命令，打开"字符"面板，单击面板顶部的"字体系列"下拉按钮，在展开的列表中选择"方正粗黑宋简体"，如图 5-15 所示。

图 5-15　选择字体

（3）设置后退出文字编辑状态，查看更改字体后的文字效果，如图 5-16 所示。

图 5-16　更改字体效果

（4）执行菜单"文件"→"存储"命令，保存该页面的位置不变，供下个练习使用。

5.2.2　调整文字大小

在 InDesign 中，可以应用工具选项栏或"字符"面板中的字体大小列表，选择预设点数以更改文字大小，也可以直接在数值框中输入数值以调整文字大小。

（1）打开上次保存的文档，使用"文字工具"，在需要更改字体大小的文字上单击并拖动，将其选中，使其反相显示，如图 5-17 所示。

图 5-17　选中文字

（2）单击"字符"面板中的"字体大小"右侧的下拉按钮，在展开的列表中选择"14点"，更改字体大小，如图 5-18 所示。

图 5-18　更改文字大小

（3）将鼠标指针移到"字体大小"数值框中，单击后显示插入点，输入"字体大小"为"14 点"，效果如图 5-19 所示。

图 5-19 输入文字大小

（4）执行菜单"文件"→"存储"命令，保存该页面的位置不变，供下个练习使用。

5.2.3 更改文本颜色

在 InDesign 中，根据实际版面需求，可以通过"色板"面板或"颜色"面板对文字颜色进行修改。

（1）打开上次保存的文档，应用"文字工具"，选中需要更改的文字，如图 5-20 所示。

图 5-20 选中文字

（2）执行"窗口"→"颜色"→"色板"菜单命令，打开"色板"面板，单击色板中的一种颜色，如图 5-21 所示。

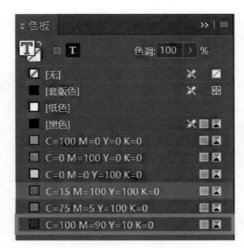

图 5-21 "色板"面板

（3）单击工具箱中的其他工具，退出文字编辑状态，可以看到原来黑色的文字变成了所选的红色，如图 5-22 所示。

图 5-22 更改颜色效果

（4）确认"文字工具"为选中状态，在文字"桃夭花卉"上单击并拖动，选中文字，如图 5-23 所示。

图 5-23 选中调整文字

（5）打开"颜色"面板，单击"扩展"按钮，在展开的面板菜单中选择"RGB"选项，然后拖动下方的颜色滑块，如图 5-24 所示。

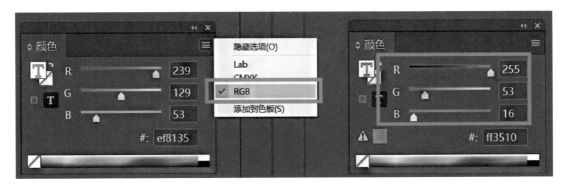

图 5-24 "颜色"面板

（6）设置完成后，单击工具箱中的其他工具或按下 Esc 键，退出文字编辑状态，查看更改颜色后的文字效果，如图 5-25 所示。

图 5-25 修改颜色效果

（7）执行菜单"文件"→"存储"命令，保存该页面的位置不变，供下个练习使用。

5.2.4 水平缩放和垂直缩放文本

在"字符"面板中除了可以调整文字大小和颜色外，还可以重新设置文字的缩放比例。应用"字符"面板或工具选项栏中的"水平缩放"和"垂直缩放"选项可以快速实现文本的缩放操作。

（1）打开上次保存的文档，单击"文字工具"按钮中的"T"，在文字上单击并拖动，将其选中，在窗口中调出"字符"面板。单击"水平缩放"图标，在数值框中选择 50%，设置后选中的文字将水平缩放 50%，效果如图 5-26 所示。

图 5-26　"字符"面板

（2）打开"字符"面板，在"垂直缩放"数值框中选择 50%，设置后选中的文字将垂直缩放 50%，效果如图 5-27 所示。

图 5-27　垂直缩放

（3）执行菜单"文件"→"存储"命令，保存该页面的位置不变，供下个练习使用。

5.2.5　设置文本行距

相邻行文字间的垂直间距称为行距，是通过测量一行文字的基线到上一行文本基线的距离得出的。用户可以在"字符"面板或工具选项栏的行距列表中重新设置行距值。

（1）打开上次保存的文档，单击工具箱中的"选择工具"按钮，在页面中选中需要更改行距的文本框。打开"字符"面板，单击面板中"行距"下拉按钮，在展开的下拉列表中选择"14点"，如图5-28所示。

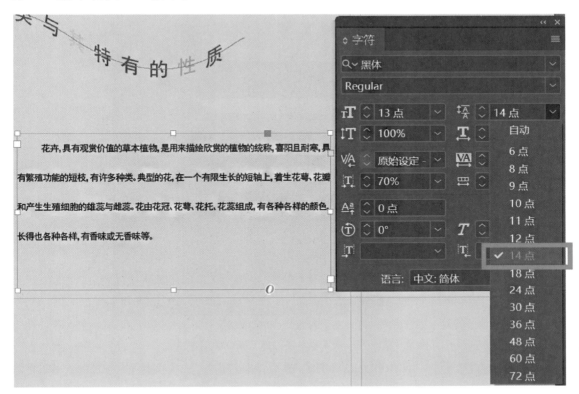

图 5-28 "字符"面板调整行距

（2）执行菜单"文件"→"存储"命令，保存该页面的位置不变，供下个练习使用。

5.2.6 设置文本字间距

文本字间距的调整是指放宽或收紧选定文本或整个文本块中字符之间的间距的过程，使用"字符"面板或工具选项栏中的字符间距选项可快速调整所选字符的字间距。

（1）打开上次保存的文档，使用"文字工具"，在输入单词"FLOWER"上单击并滚动将其选中，在"字符"面板中单击"字符间距"下拉按钮，在展开下拉列表中选择间距为"-100"，效果如图5-29所示。

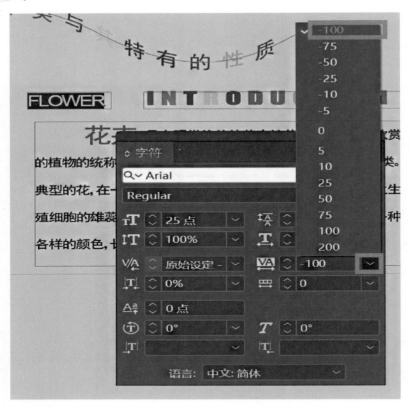

图 5-29　设置文本字间距（FLOWER）

（2）同样方法，将"INTRODUCTION"这个单词选中，选择间距值为 200%，效果如图 5-30 所示。

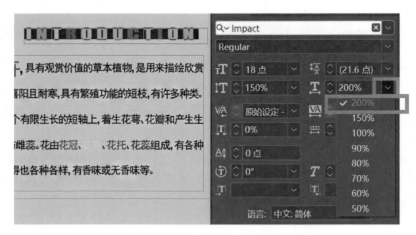

图 5-30　设置文本字间距（INTRODUCTION）

（3）执行菜单"文件"→"存储"命令，保存该页面的位置不变，供下个练习使用。

5.2.7　调整文本基线

在 InDesign 中，使用"字符"面板或工具选项栏中的基线偏移功能，可以相对于周围文本的基线上下移动选定字符。在手动设置分数或调整随文图形的位置时经常使用此功能，设置基线偏移值为正值，可将字符的基线移到文字行基线的上方；设置基线偏移值为负值，则可将基线移到文字基线的下方。

（1）打开上次保存的文档，将"1/6"中的"1"选中，打开"字符"面板，在"基线偏移"的数值框中输入数值为 10 点，设置后，可观察到"1"在基线的上方。同样方法将数字"6"的"基线偏移"值设置为 -10，效果如图 5-31 所示。

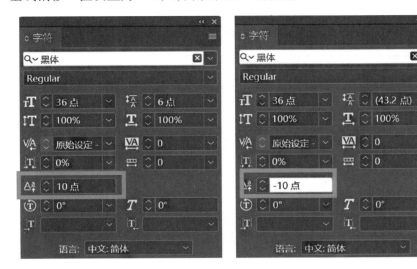

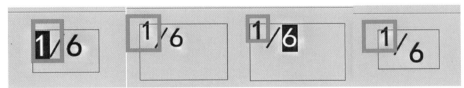

图 5-31　调整文本基线

（2）选择菜单"文件"→"存储"命令，保存该页面的位置不变，供下个练习使用。

5.3　字符样式的应用

字符样式是通过应用于文本的一系列字符格式属性的集合。使用"字符样式"面板可以创建、修改字符样式，并将其应用于段落内的文本之中。对于已经应用字符样式的文本，如果更改了应用的字符样式，文档中所有应用该样式的文本都会自动更改为新样式。

在 InDesign 中，要创建新的字符样式，可以单击"字符样式"面板中的"创建新样式"按钮，也可以选择"应用字符样式"面板菜单中的"新建字符样式"命令进行创建。

（1）打开 5-2.indd，执行"文字"→"字符样式"菜单命令，打开"字符样式"面板，单击右上角的"扩展"按钮，在展开的面板菜单中选择"新建字符样式"命令，如图 5-32 所示。

图 5-32　"新建字符样式"命令

（2）打开"新建字符样式"对话框，在"样式名称"右侧的文本框中输入新样式的名称，在"基于"下拉列表中选择当前样式所基于的样式，这里无样式基础，因此选择"无"，如图 5-33 所示。

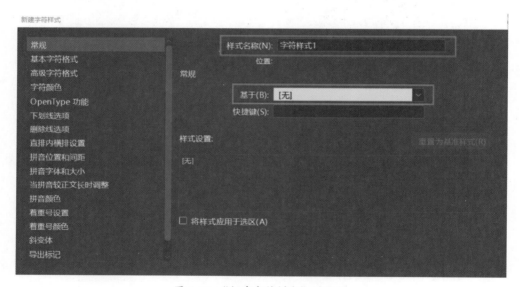

图 5-33　"新建字符样式"对话框

（3）在图 5-33 的左侧中选择"基本字符格式"，在打开的右侧界面中选择"字体系列"为"楷体"，"大小"设为"18 点"，"行距"设为"24 点"，"字符间距"设为"100"，如图 5-34 所示，单击"确定"按钮。

图 5-34　基本字符格式设置

（4）选中主文本区域中的文字，单击"字符样式"面板中新建的"字符样式 1"，即可对该文字应用样式效果，如图 5-35 所示。

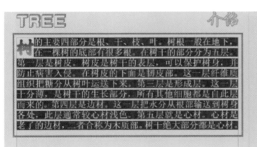

图 5-35 应用字符样式 1 效果

（5）用同样的方法，创建"字符样式 2"，在"基本字符格式"中选择"字体系列"为"黑体"，设置"大小"为"18 点"，"行距"为"24 点"，"字符间距"为"100"。在"着重号设置"中选择"偏移"为"-25 点"，设置"大小"为"8 点"，"对齐"为"居中"，"字符"为"空心三角形"。在"着重号颜色"中选择"着重号颜色"为"红色"，如图 5-36 所示，单击"确定"按钮。

（a）

图 5-36 字符样式选项设置

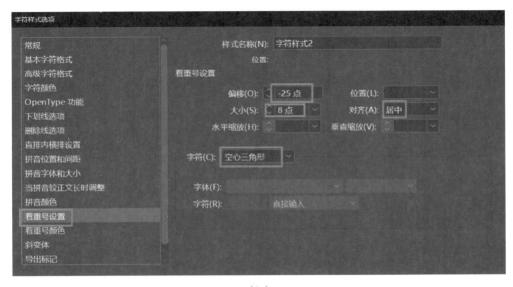

（b）

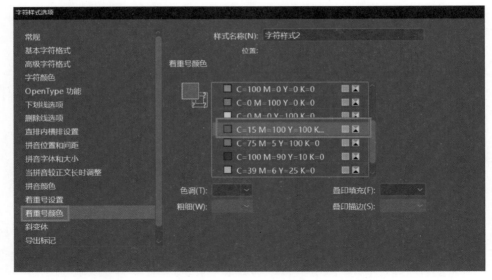

（c）

图 5-36　字符样式选项设置（续）

（6）选中要应用的文字，单击"字符样式"面板中新建的"字符样式 2"，即可对该文字应用样式效果，如图 5-37 所示。

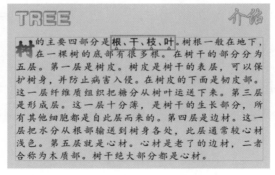

图 5-37　应用字符样式 2 的效果

5.4 格式化段落文本

在 InDesign 中，可以使用"段落"面板对段落文本进行格式化应用。选取要编辑的段落文本，执行"文字"→"段落"菜单命令，打开"段落"面板，在面板中进行段落文本的编辑与设置。

在 InDesign 中，可以单击"段落"面板中的"对齐"按钮对段落文本进行格式化对齐，增加文本的可读性，以表现不同的版面效果。

段落编辑 .mp4

（1）打开 5-3.indd，输入文本，执行"文件"→"置入"菜单命令，置入图片，再选择工具箱中的"选择工具"，单击需要对齐的段落文本，再单击"文字"→"段落"中的"全部强制对齐"按钮，将所选文本沿文本框全部强制对齐，如图 5-38 所示。

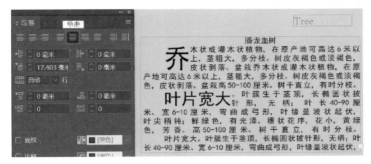

图 5-38　强制对齐

（2）执行"文字"→"段落"菜单命令，打开"段落"面板，在"左缩进"文本框中设置缩进的数值为"2毫米"，缩进后的版面效果如图 5-39 所示。

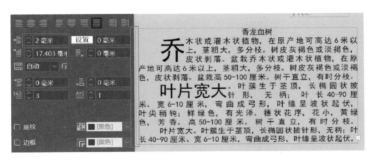

图 5-39　左缩进 2 毫米效果

（3）确认要缩进的段落文本为选中状态，执行"文字"→"制表符"菜单命令，打开"制表符"对话框，拖动最上方的滑块也可进行设置，如图 5-40 所示。

图 5-40　"制表符"面板中设置缩进

5.5 设置段落字符下沉

5.5.1 设置首字下沉

（1）打开"段落"面板，在"首行下沉行数"数值框中输入3，"首字下沉字符数"自动设置为 1，如图 5-41 所示。

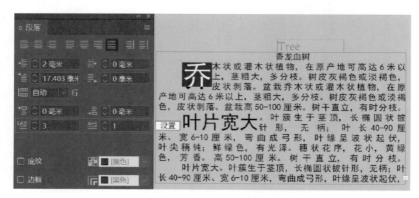

图 5-41　设置首行下沉行数

（2）打开"段落"面板，在面板中设置"首字下沉行数"为 2，"首字下沉一个或多个字符"为 4，如图 5-42 所示。

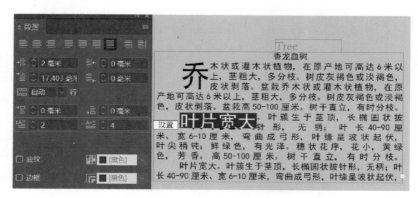

图 5-42　设置段落字符下沉

5.5.2　删除首字下沉

打开"段落"面板，设置"首字下沉行数"为 0，"首字下沉一个或多个字符"为 0，即可删除应用在段落文本中的文字下沉效果，如图 5-43 所示（本次最后保存结果为操作"删除首字下沉效果"）。

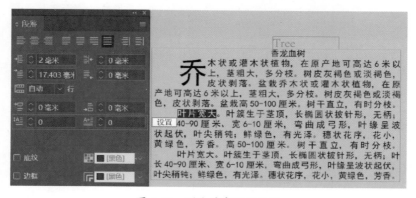

图 5-43　删除首字下沉效果

5.6 段落线和段落底纹的设置

在编辑段落文本时，可以在段落文本的前后添加段落线，也可以为段落文本设置不同的底纹效果，可以起到突出强调文本的作用。

5.6.1 添加段前线和段后线

段落线是一种段落属性，分为段前线和段后线，这两种段落线都可以应用"段落线"对话框进行添加，并且在该对话框中还可以指定段落线的粗细、颜色等。

（1）打开文件5-4.indd，应用"选择工具"单击要添加效果的段落文字，如图5-44所示，打开"段落"面板，单击右上角的扩展按钮，在展开的面板菜单中执行"段落线"命令，如图5-45所示。

一串红又名爆仗红，为唇形科鼠尾草属植物。一串红花序修长，色红鲜艳，花期又长，适应性强，为中国城市和园林中最普遍栽培的草本花卉。近年来，国外在鼠尾属观赏植物的应用上有了新的发展，红花鼠尾草（朱唇）、粉萼鼠尾草（一串蓝）均已培育出许多新品种。中国也已引种并进行小批量的生产，在城市景观布置上已起到了较好的效果。

图5-44 选择段落文字

图5-45 "段落线"命令

（2）在打开的"段落线"对话框中选择"段前线"，勾选"启用段落线"复选框，设置段前线选项，如图5-46所示。

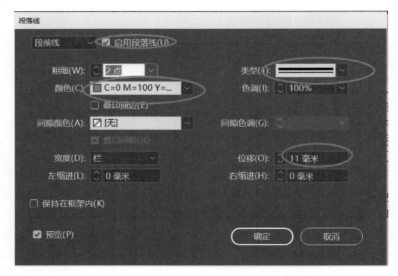

图 5-46　"段落线"对话框

（3）在"段落线"对话框中选择"段后线"，勾选"启用段落线"复选框，设置段后线选项及效果，如图 5-47 所示。

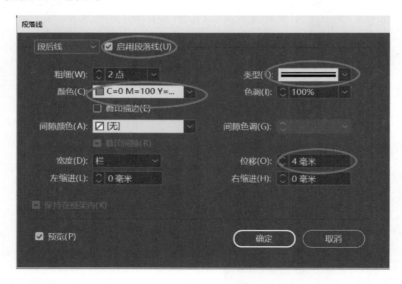

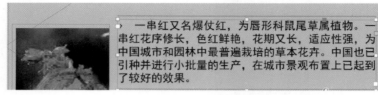

图 5-47　设置段后线

5.6.2　为段落文本添加底纹效果

对于文档中的段落文本，可以为其指定不同的底纹效果。要为段落文本添加底纹效果，可以直接勾选"段落"面板中的"底纹"复选框进行设置，也可以在"段落"面板菜单中选择"底纹"命令,打开"段落边框和底纹"对话框进行设置。

（1）打开文件 5-4.indd,应用"选择工具"选择需要添加底纹的段落文本,打开"段落"面板,在"段落"面板菜单中选择"底纹"命令,打开"段落边框和底纹"对话框。勾选"底纹"复选框,单击右侧的下拉按钮,在展开的色板中选择要应用的底纹颜色,如图 5-48所示。

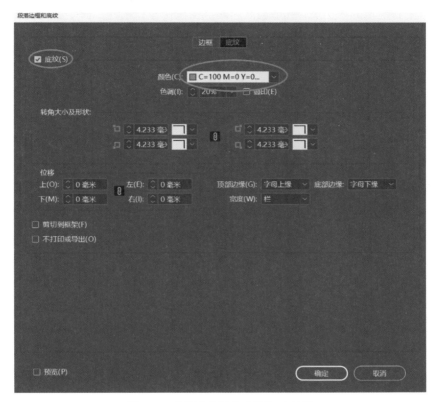

图 5-48 "段落边框和底纹"对话框

（2）此时在文档中可以看到对所选段落文本应用了设置的底纹效果,如图 5-49 所示。

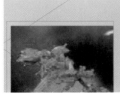

图 5-49 段落文本添加底纹效果

5.7 添加项目符号和编号

项目符号和编号都位于段落的开头,项目符号以特殊的项目符号字符作为开头,而编号则以数字或字母作为开头。在文档中可以使用"项目符号和编号"对话框或"段落"面板来设置其格式和缩进间距等。

5.7.1 为段落文本添加编号

在 InDesign 中，可以应用"段落"面板菜单中的"项目符号和编号"命令，在指定段落中添加项目符号，并且可以对已创建的项目符号做进一步的修改。

（1）打开文件 5-4.indd，应用"选择工具"选中需要添加项目符号的段落文本，打开"段落"面板，单击右上角的"扩展"按钮，选择"项目符号和编号"命令，如图 5-50 所示。

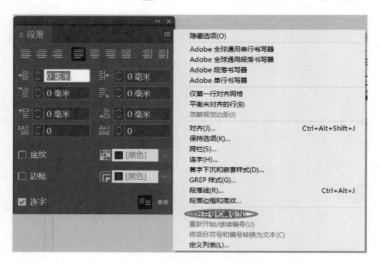

图 5-50 "项目符号和编号"命令

（2）打开"项目符号和编号"对话框，在"列表类型"下拉列表中选择"项目符号"，选中"项目符号字符"下的某一字符，输入"制表符位置"为"3 毫米"，如图 5-51 所示。

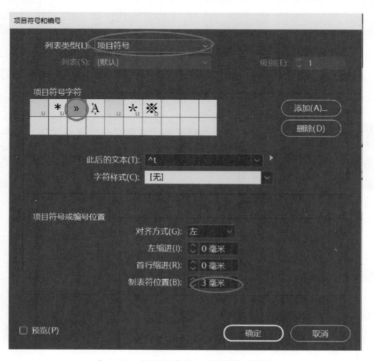

图 5-51 "项目符号和编号"对话框

（3）设置完成后单击"确定"按钮，返回文档窗口，为选中框架内的文本添加指定的项目符号，效果如图 5-52 所示。

图 5-52　设置项目符号和编号效果

5.7.2 为段落文本添加编号

在 InDesign 中，为文本添加编号就是在每一段文本的开始位置添加序号，这样可以更好地区别文字顺序。如果向添加编号的文档中添加新段落或删除段落，其中的编号会自动更新。

（1）打开文件 5-4.indd，应用"选择工具"选中需要添加项目符号的段落文本，打开"段落"面板，单击右上角的扩展按钮▤，选择"项目符号和编号"命令。

（2）打开"项目符号和编号"对话框，在"列表类型"下拉列表中选择"编号"，单击"格式"下拉按钮，选择一种编号格式，设置"制表符位置"为 3 毫米，如图 5-53 所示。

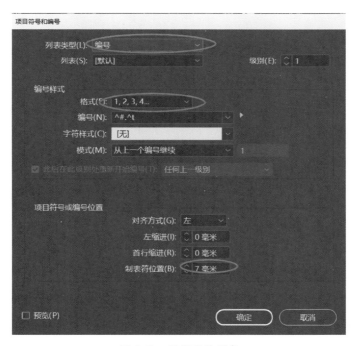

图 5-53　设置编号形式

（3）设置完成后单击"确定"按钮，返回文档窗口，可看到选中框架内的段落文本添加了指定的编号，效果如图 5-54 所示。

图 5-54　设置编号效果

5.8 使用段落样式

段落样式包括字符和段落格式属性，它既可以应用于一个段落，也可应用于某一范围内的段落。InDesign 提供了一个专门用于创建和编辑段落样式的"段落样式"面板，通过单击面板中的按钮或执行"面板"菜单命令，可以在文档中创建多种不同的段落样式。

（1）打开一个空白文档，执行"文字"→"段落样式"菜单命令，打开"段落样式"面板，单击右上角的"扩展"按钮，在展开的面板菜单中执行"新建段落样式"命令，如图 5-55 所示。

图 5-55　"段落样式"面板

（2）打开"段落样式选项"对话框，展开"常规"标签，在右侧的"样式名称"文本框中输入段落样式的名称为"绘制步骤"，其他选项不变，如图 5-56 所示。

图 5-56　"段落样式选项"对话框

（3）单击左侧的选项标签，可以展开相应的选项卡进行设置，单击"段落底纹"标签，勾选"应用底纹"复选框，设置底纹选项，如图 5-57 所示。

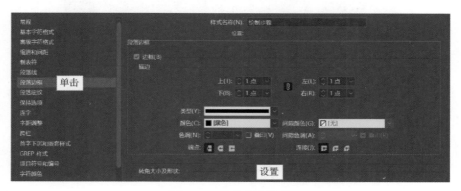

图 5-57　段落底纹设置

（4）设置完后单击"确定"按钮，返回"段落样式"面板，在面板中可以看到新建的段落样式"绘制步骤"，如图5-58所示。

图5-58 绘制步骤

（5）打开5-5.indd文档，在文档中选中要应用样式的段落文本框架，如图5-59所示。

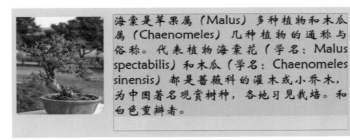

图5-59 选中段落文本

（6）单击"段落样式"面板中创建的样式，即可对段落文字应用该样式，如图5-60所示。

（7）打开"段落样式"面板，双击面板中的"作品介绍"段落样式，如图5-61所示。

图5-60 应用绘制步骤样式

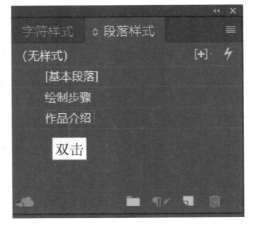

图5-61 应用"作品介绍"段落样式

（8）打开"段落样式选项"对话框，单击"段落线"标签，在展开的选项卡中设置"颜色"为绿色，如图5-62所示。

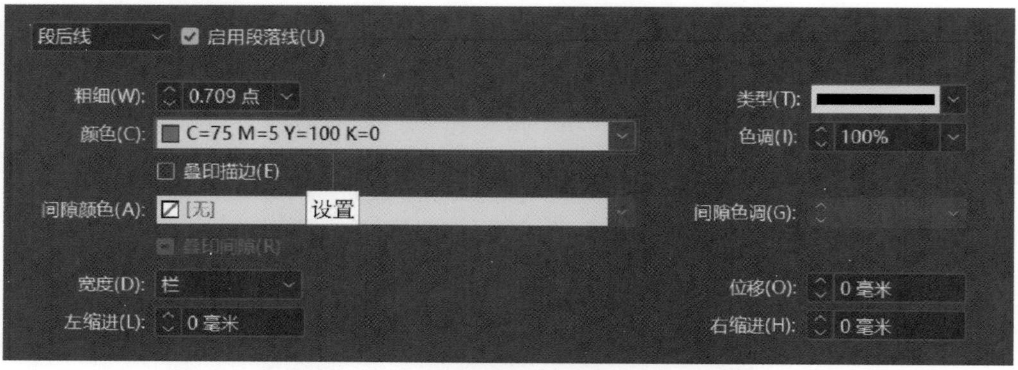

图 5-62　设置段落颜色

5.9 翻转课堂——时尚杂志封面设计

【练习知识要点】InDesign 提供了比较强大的编排功能，应用它可以完成各种杂志封面的排版设计。本次实训首先要掌握文字工具的使用，然后通过调整输入文字的颜色和字符等，完成主次分明的杂志封面排版设计。最终效果如图 5-63 所示。

图 5-63　时尚杂志封面设计

杂志封面的制作

5.10 课后实践——时尚杂志内页设计

【实践知识要点】在杂志内页中，对不同页面中的对象应用相同的字符或段落样式，可以使用 InDesign 中的样式功能进行编辑。

本实训通过"字符样式"和"段落样式"面板中分别创建杂志内页所需要应用的字符和段落样式，然后对不同的文字应用相应的字符和段落样式，完成页面的版式设计，最终效果如图 5-64 所示。

图 5-64　时尚杂志内页设计　　　　　　　　　时尚杂志内页的制作

第 6 章　颜色管理与应用

本章介绍

　　一个版面是否能够吸引人，除了内容丰富、版式精美外，色彩的运用与搭配也有着举足轻重的作用，本章主要介绍如何应用"色板"、"颜色"和"渐变"面板设置与应用颜色。

学习目标：
- 掌握使用"色板"面板
- 掌握颜色的应用
- 掌握渐变颜色的设置
- 掌握将渐变应用于文本

技能目标：
- 掌握美食节海报设计
- 掌握创意插画的设计与制作

使用"色板".mp4

6.1 使用"色板"面板

　　InDesign 中的"色板"面板用于显示当前选择对象的填充色和描边色的颜色值。默认的颜色如黑色、套版色、纸色青色等，这些颜色均排列在"色板"面板中。在设置对象的颜色时，可以应用"色板"面板中的颜色为图形或文字填充颜色，也可以根据需要自定义颜色用于对象的填充或描边设置。

6.1.1 创建颜色

　　根据版面的颜色需要，用户可以应用"色板"面板中的预设颜色填充或描边对象，也可以创建新的颜色进行应用。

　　（1）新建空白文档，打开"色板"面板，选择一种预设颜色，按住 Alt 键不放，单击下方的"新建色板"按钮，如图 6-1 所示。

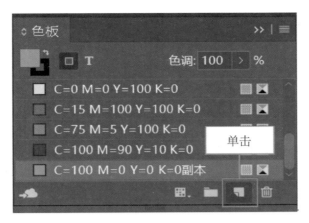

图 6-1 "色板"面板

（2）打开"新建颜色色板"对话框，设置具体的颜色值，设置后单击"确定"按钮，如图 6-2 所示。

图 6-2 "新建颜色色板"对话框

（3）返回"色板"面板可看到新建色板位于"色板"面板的色板之下，如图 6-3 所示。

图 6-3 新建的面板

（4）单击"色板"右上角的扩展按钮，在弹出的菜单中选择"新建颜色色板"命令，如图 6-4 所示。

图 6-4　"新建颜色色板"命令

（5）打开"新建颜色色板"对话框，设置色板名称和颜色值等，再单击"确定"按钮，如图 6-5 所示。

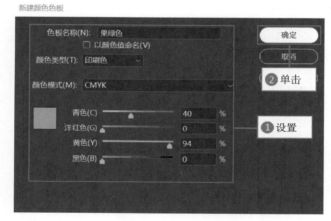

图 6-5　新建果绿色色板

（6）返回"色板"面板，可看见新建的"果绿色"色板，如图 6-6 所示。

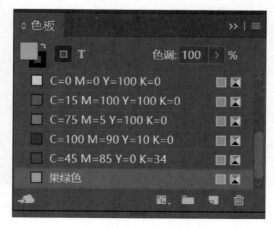

图 6-6　"果绿色"色板

6.1.2 创建新色板

在 InDesign 中，除了可以定义任意颜色色板，也可以根据选择的对象创建相应的颜色色板。如果所选对象为渐变颜色，则创建的色板为渐变色板；如果所选对象为纯色，则创建的色板为单色色板。

（1）打开文件 6-1.indd，应用"选择工具"选中文档中的对象，如图 6-7 所示。

图 6-7 选择对象

（2）打开"色板"面板，单击"新建色板"按钮，如图 6-8 所示。

图 6-8 "新建色板"按钮

（3）根据所选对象的填充颜色，创建新色板，新色板将显示在最下方，如图 6-9 所示。

图 6-9 创建的新色板

6.1.3 编辑与存储色板

在 InDesign 中，可以应用"色板选项"对话框更改默
认在新文档中显示的色板，并且还能编辑混合油墨色板。
更改"色板"面板中的颜色后，可以将调整后的色板存储
起来，方便下次使用。

（1）打开文件 6-2.indd，打开"色板"面板，任意双击
一种颜色，如图 6-10 所示。

图 6-10　双击一种颜色

（2）打开"色板选项"对话框，输入"色板名称"为
"橙色"，设置"颜色模式"为 RGB，拖动颜色滑块，设置颜色值，如图 6-11 所示。

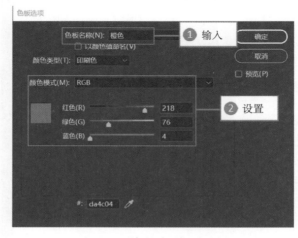

图 6-11　"色板选项"对话框

（3）设置完成后单击"确定"按钮，在"色板"面板中可看到编辑后的色板，如图 6-12
所示。

（4）单击"色板"面板右上角的"扩展"按钮■，在弹出的菜单中选择"存储色板"命
令，如图 6-13 所示。

图 6-12　编辑后的色板

图 6-13　"存储色板"命令

（5）打开"另存为"对话框，设置色板存储位置和名称，单击"保存"按钮，如图 6-14
所示。

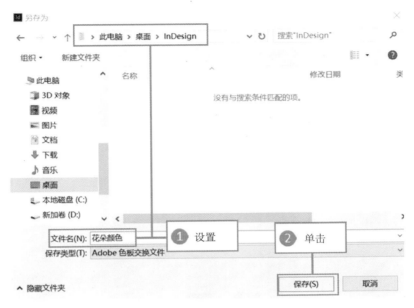

图 6-14　"另存为"对话框

（6）存储色板后，打开存储色板的文件夹，即可看到新存储的文件，如图 6-15 所示。

图 6-15　存储的色板文件

6.1.4 导入色板

　　在 InDesign CC 中，可以执行"色板"面板菜单中的"载入色板"命令，从其他 InDesign、illustrator 或 Photoshop 创建的文件中导入颜色和渐变，并将所有或部分色板添加到"色板"面板中。

　　（1）新建空白文档，打开"色板"面板，单击右上角的"扩展"按钮▤，执行"载入色板"命令，如图 6-16 所示。

图 6-16 "载入色板"命令

（2）打开"打开文件"对话框，选择 02.indd 文件，单击"打开"按钮，如图 6-17 所示。

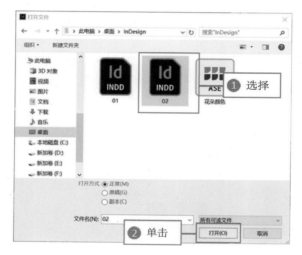

图 6-17 "打开文件"对话框

（3）返回"色板"面板，即可看到新载入的色板，如图 6-18 所示。

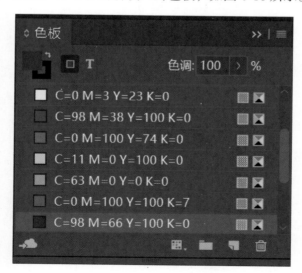

图 6-18 载入的色板

6.1.5 删除色板

在 InDesign 中，用户可以根据实际情况对色板中的颜色进行添加与删除操作。在"色板"面板中选中相应色板后，单击面板下方的"删除选定的色板/组"按钮或执行面板菜单中的"删除色板"命令都可以删除该色板。或者在"色板"面板中选中颜色色板，将其拖动到"删除选定的色板/组"按钮上同样可以删除色板。

（1）打开文件 6-3.indd，如图 6-19 所示。

图 6-19　打开的 02.indd 文件

（2）打开"色板"面板，选中要删除的色板，单击下方"删除选定的色板/组"按钮，如图 6-20 所示。

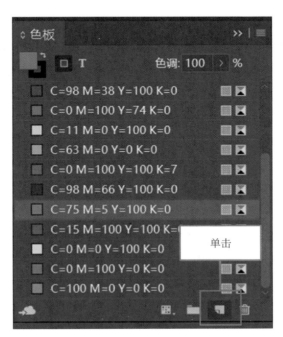

图 6-20　删除选中的色板

（3）单击按钮后，删除"色板"面板中选中的色板颜色，效果如图 6-21 所示。

图 6-21　删除后的效果

6.1.6 使用"颜色"面板创建色板

在 InDesign 中，还可以应用"颜色"面板菜单中的"添加到色板"按钮，将面板中所设置的颜色添加到"色板"面板中。

（1）新建空白文档，打开"颜色"面板，选择 CMYK 模式，设置颜色值，如图 6-22 所示。

（2）在"颜色"面板中单击右上方"扩展"按钮■，执行"添加到色板"命令，如图 6-23 所示。

图 6-22　"颜色"面板

图 6-23　"添加到色板"命令

（3）将"颜色"面板中设置的颜色添加到"色板"面板，新建的色板将显示于原色板的下方，如图 6-24 所示。

图 6-24　新建的色板

6.2 颜色的应用

在 InDesign 中，可以通过色板、“颜色”面板、工具箱、工具选项栏、“拾色器”对话框等为对象的描边和填色应用颜色。

6.2.1 使用拾色器选择颜色

（1）打开文件 6-4.indd，应用“文字工具”选中文字对象“Adobe 系统公司”，如图 6-25 所示。

（2）打开“颜色”面板，双击面板中的“填色”框，如图 6-26 所示。

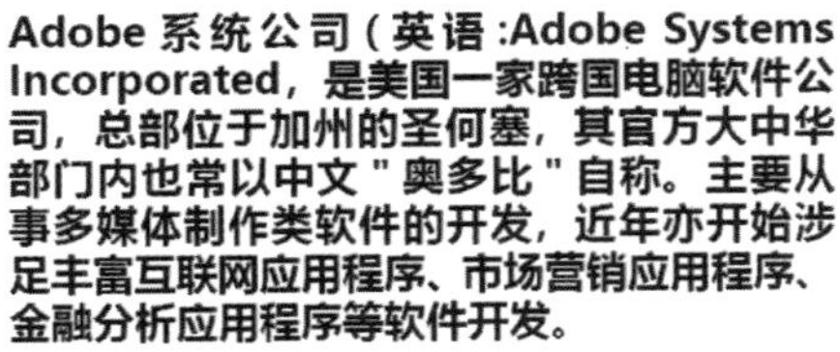

Adobe 系统公司（英语 :Adobe Systems Incorporated，是美国一家跨国电脑软件公司，总部位于加州的圣何塞，其官方大中华部门内也常以中文 " 奥多比 " 自称。主要从事多媒体制作类软件的开发，近年亦开始涉足丰富互联网应用程序、市场营销应用程序、金融分析应用程序等软件开发。

图 6-25 选中文字

颜色
渐变
色板
C
M
Y
K
5 %
4 %
85 %
0 %
设置
单击

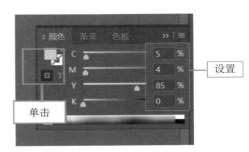

图 6-26 “颜色”面板

（3）打开“拾色器”对话框，在对话框中设置具体色值，再单击“确定”按钮，如图 6-27 所示。

拾色器
RGB 色彩空间视图
2 单击
确定
取消
添加 CMYK 色板
R: 255
G: 24
B: 21
L: 55
a: 78
b: 64
C: 0 %
M: 94 %
Y: 89 %
K: 0 %
1 设置
#: ff1815

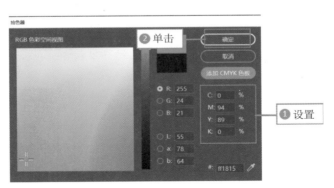

图 6-27 “拾色器”对话框

（4）即可为所选中的文字应用设置的颜色，效果如图 6-28 所示。

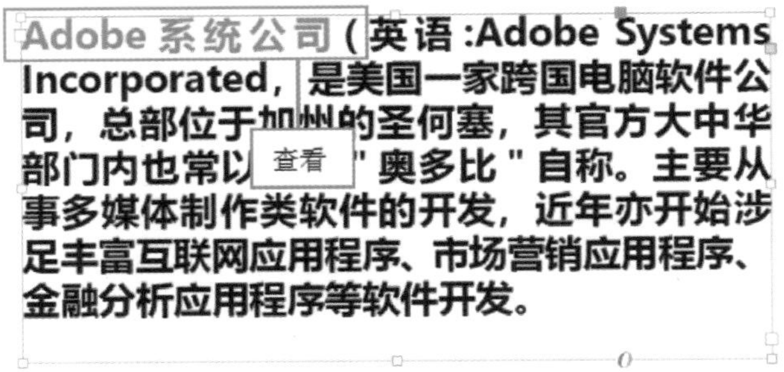

Adobe 系统公司（英语 :Adobe Systems Incorporated，是美国一家跨国电脑软件公司，总部位于加州的圣何塞，其官方大中华部门内也常以中文 " 奥多比 " 自称。主要从事多媒体制作类软件的开发，近年亦开始涉足丰富互联网应用程序、市场营销应用程序、金融分析应用程序等软件开发。
查看

图 6-28 设置效果

6.2.2 使用"颜色"面板应用颜色

在 InDesign 中，可以通过"颜色"面板混合颜色，并将混合后的颜色作用于所选的对象。在"颜色"面板中设置颜色后，可以将其添加到"色板"面板中，以便将其应用到不同的对象上。

（1）打开文件 6-5.indd，使用"选择工具"选中需要调整颜色的对象，如图 6-29 所示。

图 6-29　选择需要调整的对象

（2）打开"颜色"面板，在面板中单击"填色"框，然后拖动下方的颜色滑块设置颜色，如图 6-30 所示。

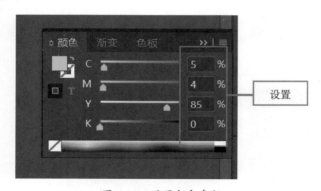

图 6-30　设置颜色参数

（3）拖动颜色滑块后，可以看到所选对象应用了"颜色"面板中设置的新颜色，效果如图 6-31 所示。

图 6-31　应用了新颜色的效果

6.2.3 使用"吸管工具"应用颜色

在 InDesign 中为文本或图形图像描边或填色后，如果想要快速应用文档已使用过的颜色，可以使用吸管工具来吸取颜色。InDesign 中的吸管工具可以复制文档中的任何对象的描边和填色属性，并为任何新绘制对象设置默认填色和描边属性。

（1）打开文件 6-6.indd，应用"选择工具"选中文档中需要更改其填充的对象，如图 6-32 所示。

图 6-32　选择对象

（2）单击工具箱中的"吸管工具"按钮 🖉，再单击要将其填色和描边属性作为样本的任何对象，如图 6-33 所示。

图 6-33　用吸管工具

（3）之后显示出一个加载了属性的吸管，并会自动将所单击对象的填色和描边属性应用于所选对象，如图 6-34 所示。

图 6-34　填充颜色效果

6.2.4　创建颜色主题并应用颜色

使用颜色主题工具可以从 InDesign 文档的选定区域、图像或对象中创建 5 种不同的颜色主题。用户可以将单个颜色或主题应用于新对象，也可以将主题中的颜色添加到"色板"面板中。

（1）打开文件 6-7.indd，右击工具箱中的"吸管工具"按钮，在展开的工具组中单击选择"颜色主题工具"，如图 6-35 所示。

图 6-35　颜色主题工具

（2）单击文档中需要提取为颜色主题的部分，软件会自动创建颜色主题，如图 6-36 所示。

图 6-36　创建颜色主题

（3）打开文件 6-8.indd，应用"选择工具"选择一个对象，选择"颜色主题"工具栏上的一个颜色，如图 6-37 所示。

图 6-37 选择颜色

（4）将鼠标指针移动到需要应用颜色的对象上，当鼠标指针变为吸管形状时，单击即可对所选对象应用主题颜色，如图 6-38 所示。

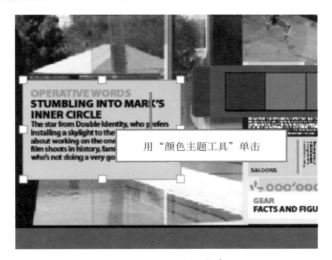

图 6-38 应用主题颜色

（5）单击"颜色主题工具"右侧的"将当前颜色主题添加色板"按钮，如图 6-39 所示。

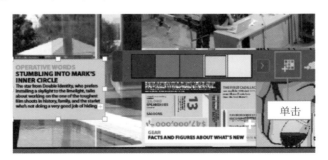

图 6-39 "将当前颜色主题添加色板"按钮

（6）将选定颜色主题下的所有颜色都添加到"色板"面板中，并显示在面板下方对应的"彩色_主题"色板中，如图 6-40 所示。

图 6-40 "彩色_主题"色板

6.2.5 移去填色或描边颜色

对于已经设置填充或描边颜色的对象，可以移去填充和描边颜色。只需要选中对象后，在"色板"面板中选择"无"选项，或者单击工具箱中的"无"按钮，即可快速移去填充或描边的颜色。

（1）打开文件6-9.indd，应用"选择工具"选择要移去其他颜色的对象，如图6-41所示。

图 6-41 选择要移去的颜色

（2）打开"色板"面板，这里要移去填充色，单击"填色"框，然后单击下方的"无"色板，此时可以看到文档中选中对象的填充颜色被移去了，如图6-42所示。

图 6-42 移去填充色

6.3 渐变颜色的设置

在 InDesign 中应用"色板"面板创建渐变的操作方法与创建纯色色板的方法类似。

6.3.1 创建渐变色板

（1）创建空白文档，打开"色板"面板，单击右上角的"扩展"按钮，在展开的面板菜单中执行"新建渐变色板"命令，如图 6-43 所示。

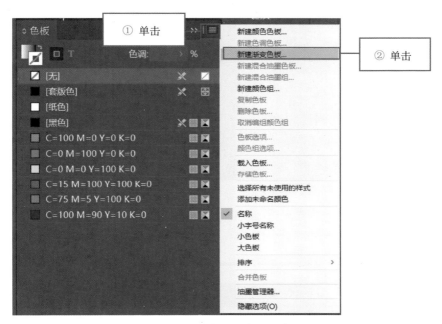

图 6-43 "新建渐变色板"命令

（2）打开"新建渐变色板"对话框，在对话框中输入渐变的"色板名称"为"云层渐变"，选择"类型"为"线性"，如图 6-44 所示。

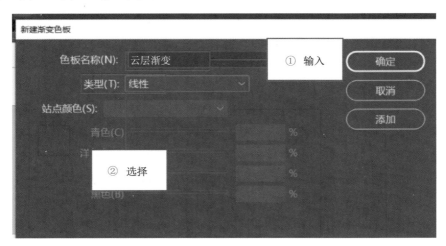

图 6-44 "新建渐变色板"对话框

（3）单击选择渐变中的第一个色标，激活颜色滑块，选择颜色模式，输入颜色值或拖动滑块，设置颜色，如图 6-45 所示。

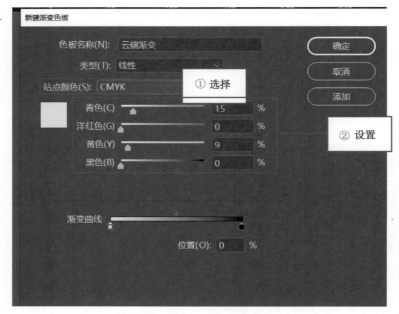

图 6-45　设置颜色参数

（4）单击选择渐变条右侧的色标，此时选择"站点颜色"为"色板"，再单击色板列表中的颜色，如图 6-46 所示。

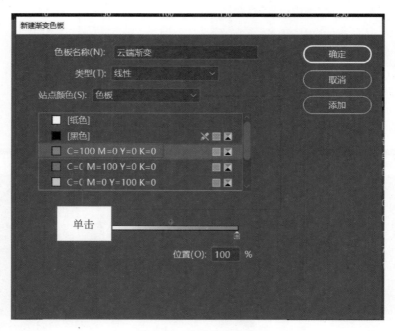

图 6-46　设置站点颜色

（5）设置渐变色后，调整渐变曲线中点的位置，再选中渐变条上方的菱形图标，将其拖到需要设置的中点位置，如图 6-47 所示。

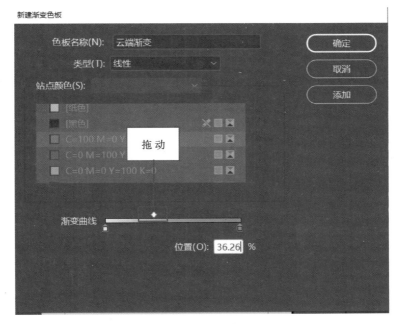

图 6-47　调整渐变中点位置

（6）完成设置后单击"确定"按钮，设置的渐变连同其名称将被存储并显示在"色板"面板中，如图 6-48 所示。

图 6-48　设置的渐变色板

6.3.2　使用"渐变"面板创建

除了使用"色板"面板之外，还可以执行"窗口"→"颜色"→"渐变"菜单命令，即可打开"渐变"面板。在"渐变"面板中可以为不同的色标指定合适的颜色，并且可以随时将当前渐变添加到"色板"面板中。

（1）执行"窗口"→"颜色"→"渐变"菜单命令，或双击工具箱中的"渐变色板工具"按钮■，打开"渐变"面板，如图 6-49 所示。

（2）将鼠标指针移到渐变条上，在渐变条最左侧位置单击，添加色标，定义渐变的起始颜色，如图 6-50 所示。

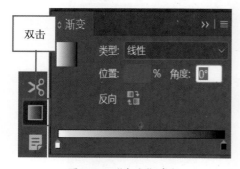

图 6-49　"渐变"色板

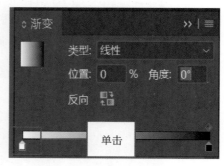

图 6-50　定义渐变的起始颜色

（3）打开"颜色"面板，在面板中单击并拖动颜色滑块，设置颜色，如图 6-51 所示。

（4）返回"渐变"面板，可看到起始位置的色标颜色的变化，如图 6-52 所示。

图 6-51　"颜色"面板设置颜色

图 6-52　起始位置的色标颜色变化

（5）将鼠标指针移到右侧的色标位置，单击选中色标，定义渐变的终止颜色，如图 6-53 所示。

（6）打开"颜色"面板，选择一种颜色模式，单击并拖动颜色滑块，设置颜色，如图 6-54 所示。

图 6-53　定义终止颜色

图 6-54　设置终止颜色

（7）返回"渐变"面板，可以看到终止位置的色标颜色变为所设置的颜色，如图 6-55 所示。

（8）单击"类型"右侧的下拉按钮，在展开的列表中选择"径向"选项，设置渐变类型，如图 6-56 所示。

图 6-55　终止位置的色标颜色变化

图 6-56　设置"径向"渐变类型

6.3.3 在"渐变"面板中修改渐变颜色

对于已经设置好的渐变颜色,可以通过添加颜色以创建多色渐变或者通过调整色标和中点位置来修改渐变颜色。编辑渐变颜色时,可以应用"色板"面板中已有的颜色创建渐变颜色,选中"色板"面板中的颜色直接将其拖动至"渐变"面板中的色标上。

(1)打开"渐变"面板,移动鼠标指针至渐变条中间需要添加色标的位置,如图 6-57所示。

图 6-57　选择渐变色中间需要添加色标位置

(2)单击鼠标定义一个新色标,新色标将由现有渐变上该位置处的颜色值自动定义,如图 6-58 所示。

(3)双击工具箱中的"填色"框,打开"拾色器"对话框,设置颜色,返回"渐变"面板,查看新的色标颜色,如图 6-59 所示。

图 6-58　定义新色标

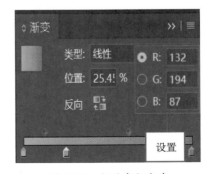

图 6-59　新的色标颜色

(4)将鼠标指针移至渐变条的另一位置单击,添加新的色标,如图 6-60 所示。

（5）打开"颜色"面板，在面板中单击并拖动颜色滑块，设置颜色，如图 6-61 所示。

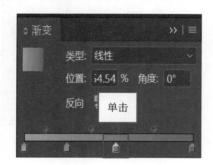
图 6-60　添加新的色标

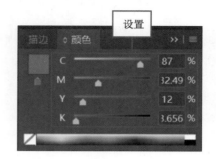
图 6-61　设置颜色

（6）返回"渐变"面板，应用设置的颜色，单击"反向"按钮■，反转渐变方向，如图 6-62 所示。

6.3.4　使用"渐变色板工具"调整渐变

为文档中的对象填充了渐变后，可以使用"渐变色板工具"调整渐变，该工具可以更改渐变的方向、渐变的起始点和结束点，还可以跨多个对象应用渐变。

（1）打开文件 6-10.indd，在工具箱中单击"选择工具"按钮，选中文档中已应用了渐变的对象，如图 6-63 所示。

图 6-62　反转渐变方向

图 6-63　选中已应用渐变的对象

（2）单击工具箱中的"渐变色板工具"按钮■，将其置于要定义渐变起始点的位置，然后沿着要应用渐变的方向拖动，如图 6-64 所示。

（3）当拖动到要定义为渐变结束点的位置后，释放鼠标，更改应用到对象上的渐变效果，如图 6-65 所示。

图 6-64　渐变位置

图 6-65　调整渐变效果

6.3.5 将渐变应用于文本

在单个文本框架中，可以创建多个渐变文本范围。对文本框中的文本对象填充渐变颜色时，渐变的端点始终根据渐变路径或文本框架的定界框而对其定位，并显示各个文本字符所在位置的渐变颜色。

（1）打开文件 6-11.indd，使用"文字工具"选中需要应用渐变颜色的文字对象，如图 6-66 所示。

（2）打开"渐变"面板，单击面板下方的渐变条，激活渐变条，单击选中起始点色标，如图 6-67 所示。

图 6-66　选中需应用渐变颜色的对象　　　　图 6-67　选择起始点色标

（3）双击工具箱中的"拾色器"按钮，打开"拾色器"对话框，在对话框中根据需要设置渐变颜色，如图 6-68 所示。

（4）单击"确定"按钮，返回"渐变"面板，在面板中选中渐变条右侧的终点色标，如图 6-69 所示。

图 6-68　"拾色器"对话框　　　　图 6-69　选择终点色标

（5）打开"颜色"面板，在面板中选择一种颜色模式，并拖动下方颜色滑块，设置色标颜色，如图 6-70 所示。

（6）继续使用同样的方法添加色标并设置颜色，设置后可看到对所选文字应用对应的渐变色填充，效果如图 6-71 所示。

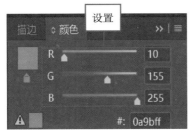

图 6-70　设置终点色标颜色　　　　图 6-71　文字应用渐变色填充效果

6.4 翻转课堂——美食节海报设计

【练习知识要点】和图像一样，在很多时候，为了让版面呈现更丰富的文字效果，也会在文字上应用渐变颜色填充，美食节海报设计效果如图 6-72 所示。

学生通过本次实训了解切变工具、渐变工具、渐变羽化工具、椭圆工具、效果面板的使用，熟悉掌握"渐变"面板和"色板"面板等的操作。

图 6-72 美食节海报设计效果

美食节海报设计

第 7 章 图像处理与应用

在实际的版式编排中，除文字的版式设计外，图片的运用也是很重要的。InDesign 软件允许用户将多种不同格式的文件置入文档指定的位置。InDesign 可以与图像处理软件 Photoshop 和图形编辑软件 illustrator 等软件协同工作，并通过"链接"面板和"库"面板来管理图像文件。

通过本章的学习，读者应该掌握图像的置入、编辑和链接等设置方法，掌握剪切路径、投影、不透明度、发光效果等知识的设置方法。通过案例的讲解，可以使读者更好地理解和掌握不同图像格式的特点与应用范围。

学习目标：
- 掌握置入图像的框架
- 掌握置入图像的方法
- 掌握使用框架和路径裁切图像
- 掌握使用剪切路径和 Alpha 通道处理图像
- 掌握为图像添加效果的方法

图像处理与应用 .mp4

技能目标：
- 掌握茶艺内页排版的设计与制作
- 掌握商品分类海报的设计与制作

7.1 创建用于放置图像的框架

在 InDesign 中置入图像前，需要在文档中创建用于放置图像的框架，可以使用"矩形框架工具""椭圆框架工具""文字框架"。

7.1.1 创建矩形框架

使用"矩形框架工具"可以在文档中创建规则的矩形框架。单击工具箱中的"矩形框架工具"，在需要置入图像的位置单击并拖曳，即可创建矩形框架。

（1）打开文件 7-01.indd，单击工具箱中的"矩形框架工具"按钮▣，如图 7-1 所示。

图 7-1　矩形框架工具

（2）将鼠标指针移至文档中，当鼠标指针变为十字形时，单击并向对角位置移动，如图 7-2 所示。

图 7-2　鼠标指针

（3）拖曳至合适的位置释放鼠标即可，InDesign 会根据拖曳轨迹创建矩形框架，效果如图 7-3 所示。

图 7-3　创建矩形框架

7.1.2　创建椭圆形框架

在 InDesign 中，应用"椭圆框架工具"可以创建椭圆形框架，按住 Shift 键单击并拖曳鼠标，可以沿鼠标拖曳的方向创建正圆形框架。

（1）打开文件 7-02.indd，在工具箱中单击"椭圆框架工具"按钮，如图 7-4 所示。

图 7-4　椭圆框架工具

（2）将光标移至文档中，当鼠标指针显示为十字形时单击并拖曳，如图 7-5 所示。

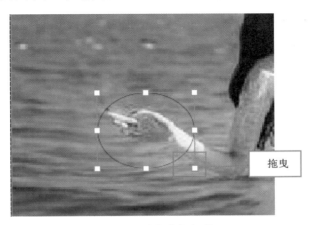

图 7-5　拖曳鼠标指针

（3）释放鼠标，即可根据拖曳的轨迹在页面中绘制一个椭圆形框架，如图 7-6 所示。

图 7-6　绘制椭圆形框架

7.1.3　创建多边形框架

在 InDesign 中，除可以创建矩形或椭圆形的框架外，也可以创建多边形框架。在应用

"多边形框架工具"绘制框架时，可以双击工具按钮，在打开的对话框中指定多边形的边数、星形内陷百分比。

（1）打开文件 7-03.indd，双击"多边形框架工具"按钮，在弹出的"多边形设置"对话框中设置"星形内陷"为 20%，如图 7-7 所示。

（2）单击"确定"按钮，将光标移至文档中需要绘制多边形框架的位置，当光标变成十字形时，单击并拖曳鼠标，即可随着拖曳的轨迹在页面中绘制一个多边形框架，如图 7-8 所示。

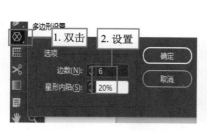

图 7-7 "多边形设置"对话框　　　　图 7-8 绘制多边形框架

7.1.4 将文字转换为图形框架

在 InDesign 中还可以应用"文字工具"输入文字，并将文字转换为图形框架，创建外形相对复杂的框架。将文字转换为框架后，可以向框架中添加任意图像，并且只显示文字中间部分的图像。

（1）打开文件 7-04.indd，选择"文字工具"，在文档中输入文字，如图 7-9 所示。

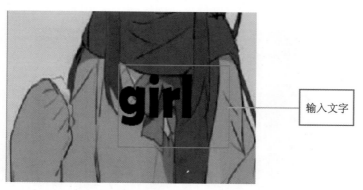

图 7-9 输入文字

（2）应用"文字工具"，在文本框中的文字处单击并拖曳，选择框架内的文字，如图 7-10 所示。

（3）选择"文字"→"创建轮廓"菜单命令，将文字转换为图形框架，使用"选择工具"可以选择框架上的节点，如图 7-11 所示。

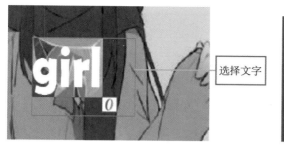
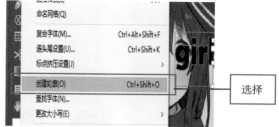

图 7-10 选中框架内的文字

图 7-11 "创建轮廓"命令

（4）打开文件 7-05.indd，复制图像，单击文字框架，在弹出的快捷菜单中选择"贴入内部"命令，贴入图像，效果如图 7-12 所示。

图 7-12 在文字框架中贴入图像

7.2 置入图像

在 InDesign 中可以通过多种方法置入图像，可以根据不同的情况选择不同的方法，并且可以调整置入框架中的图像的大小、位置等，还能调整框架使其适合置入的图像。

7.2.1 在框架中置入图像

创建放置图像的框架后，接下来就可以置入图像了。在 InDesign 中支持多种格式的图像置入，常用的有 PSD、PNG、TIFF、EPS、JPEG 等格式。

（1）打开文件 7-06.indd，应用"选择工具"选择需要置入图像框架，如图 7-13 所示。

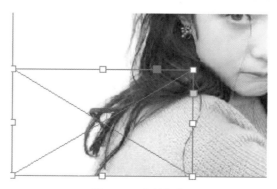

图 7-13 选择框架

（2）选择"文件"→"置入"菜单命令，弹出"置入"对话框，在对话框中找到需要置入的图片，单击"打开"按钮，如图 7-14 所示。

图 7-14 "置入"对话框

（3）关闭"置入"对话框，并将所选图像置入选中的框架中，如图 7-15 所示。

图 7-15 置入图像

7.2.2 翻转框架内的图像

在 InDesign 中，使用"选择工具"选择框架中的图像，应用工具选项栏中的"水平翻转"按钮 和"垂直翻转"按钮 ，能够对框架内的图像快速进行水平或垂直翻转操作。

（1）打开文件 7-07.indd，单击工具箱中的"选择工具"按钮，选择框架中的图像，如图 7-16 所示。

（2）单击工具箱中的"水平翻转"按钮 ，可以快速翻转框架中的图像，效果如图 7-17 所示。

图 7-16　选择图像

图 7-17　翻转选择的图像

7.2.3 调整框架中图像位置

将图像置入框架中后，可以使用"选择工具"选择框架内的图像，再根据实际效果的需要调整图像的位置。

（1）打开文件 7-07.indd，单击工具箱中的"选择工具"按钮 ，将光标移至需要调整图像位置的框架上方，如图 7-18 所示，此时光标呈手指状。

（2）在图像上并单击拖曳图片，此时光标呈箭头形，拖曳到合适位置后，释放鼠标，完成框架中图像位置的调整操作，如图 7-19 所示。

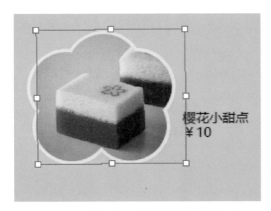

图 7-18　光标移至需要调整图像的上方

图 7-19　调整图像位置

7.2.4 使图像适合框架

置入图像后，如果置入的图像与框架的大小不同，则可以使用"适合"命令达到框架与图像的匹配。

（1）打开文件 7-08.indd，应用工具栏中的"选择工具"，选择左下角的框架及框架中的图像，如图 7-20 所示。

图 7-20　选择框架及图像

（2）选择"对象"→"适合"→"按比例填充框架"菜单命令，调整图像大小以适合框架，此时的图像和框架之间没有任何空隙，如图 7-21 所示。

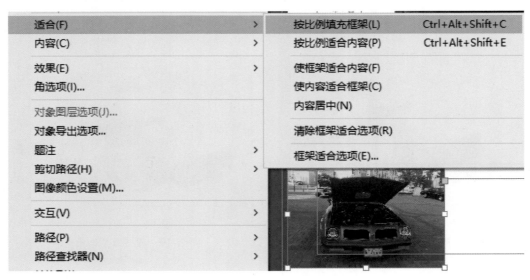

适合(F)	>	按比例填充框架(L)	Ctrl+Alt+Shift+C
内容(C)	>	按比例适合内容(P)	Ctrl+Alt+Shift+E
效果(E)	>	使框架适合内容(F)	
角选项(I)...		使内容适合框架(C)	
对象图层选项(J)...		内容居中(N)	
对象导出选项...		清除框架适合选项(R)	
题注	>		
剪切路径(H)	>	框架适合选项(E)...	
图像颜色设置(M)...			
交互(V)	>		
路径(P)	>		
路径查找器(N)	>		

图 7-21　"按比例填充框架"命令

（3）选择"对象"→"适合"→"使框架适合内容"菜单命令，调整框架大小以正好包围图形，如图 7-22 所示。

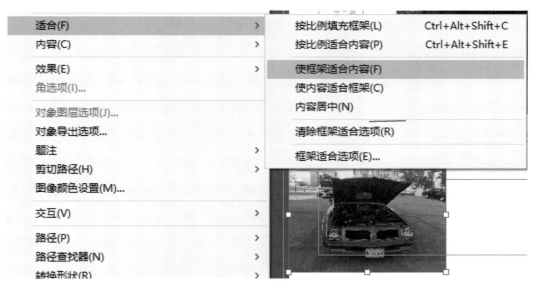

图 7-22 "使框架适合内容"命令

7.3 剪裁置入的图像

置入文档窗口中的图像都会包含在对应的图像框架中，可以应用框架或路径裁切所置入的图像，使其适合版面的需要。如果在置入前未选择框架而直接置入图像，则 InDesign 会根据置入图像的大小自动创建相应的框架。

7.3.1 应用框架裁剪图像

（1）打开文件 7-09.indd，使用"选择工具"选择框架对象，此时会在框架边缘显示多个控制节点，如图 7-23 所示。

图 7-23 选择框架对象

（2）移动光标至框架右侧的边线中点位置，当指针变为双向箭头时，单击并向左侧拖曳，剪裁图像，如图 7-24 所示。

图 7-24　剪裁图像

（3）将光标移至框架顶部边缘中点位置，当光标变为双向箭头时，单击并向下拖曳，剪裁框内图像，如图 7-25 所示。

图 7-25　剪裁框架内图像

（4）选择右侧框架，移动光标至框架左侧的边线中点位置，当光标变为双向箭头时，单击并向右侧拖曳，剪裁图像，如图 7-26 所示。

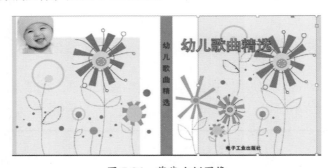

图 7-26　剪裁右侧图像

（5）将光标移至框架顶部边缘中点位置，当光标变为双向箭头时，单击并向下拖曳，剪裁框内图像，如图 7-27 所示。

图 7-27　剪裁框架内图像

7.3.2 绘制路径裁剪图像

剪切路径会裁剪掉部分图像，以使图像只有一部分透过创建的形状显示出来，而通过路径裁剪图像时，需要首先在文档中创建一条路径，或者选择文档页面中已有的路径，再通过"贴入内部"命令将图形粘贴到路径中，完成图像的裁剪操作。

（1）打开文件 7-10.indd，应用"钢笔工具"，在文档中绘制一个用于剪裁图像的路径，如图 7-28 所示。

图 7-28　绘制剪裁路径

（2）应用"选择工具"，选择文档中要应用剪裁的对象，选择"编辑"→"剪切"菜单命令，如图 7-29 所示。

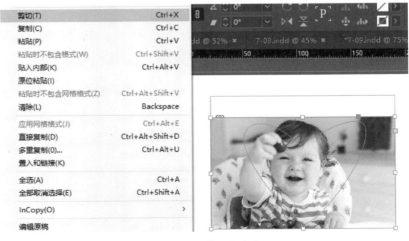

图 7-29　"剪切"命令

（3）选择已绘制的路径，执行"编辑"→"贴入内部"菜单命令，超出路径边缘的部分图像将被裁掉，效果如图 7-30 所示。

贴入内部(K)	Ctrl+Alt+V
原位粘贴(I)	
粘贴时不包含网格格式(Z)	Ctrl+Alt+Shift+V
清除(L)	Backspace
应用网格格式(J)	Ctrl+Alt+E
直接复制(D)	Ctrl+Alt+Shift+D
多重复制(0)...	Ctrl+Alt+U
置入和链接(K)	
全选(A)	Ctrl+A
全部取消选择(E)	Ctrl+Shift+A
InCopy(O)	>

单击

图 7-30 "贴入内部"命令及剪裁效果

7.3.3 应用"剪裁路径"自动检测剪裁图像

如果要裁剪图像中多余的背景，则可以使用"剪切路径"对话框中的"检测边缘"选项自动检测置入图像的边缘，然后根据检测到的边缘裁剪掉多余的部分。使用"检测边缘"命令，可以自动完成去除背景的操作。图片中主体与背景的色彩差别较大时，或者背景颜色相对单一时，使用此命令去除背景较为合适。

（1）打开文件 7-10.indd，选择文档需要进行剪裁的图像，如图 7-31 所示。

图 7-31 选择图像

（2）选择"对象"→"剪切路径"→"选项"菜单命令，在弹出的"剪切路径"对话框中选择"类型"为"检测边缘"，调整下方的"阈值"和"容差"值，如图7-32所示。

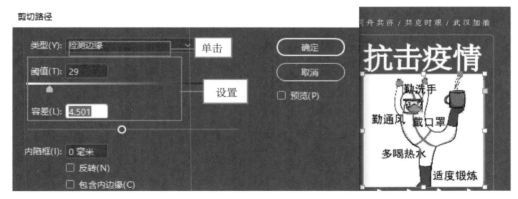

图 7-32　"剪切路径"对话框

（3）设置后单击对话框右上角的"确定"按钮，应用设置，根据检测到的图像边缘创建剪切路径，剪切路径以外的图像。剪切效果如图7-33所示。

图 7-33　剪切效果

7.3.4　使用Alpha通道剪裁图像

当图片颜色和形状较为复杂时，使用"剪切路径"对话框中的"检测边缘"类型难以将背景分离，这时可以将图片在Photoshop中进行制作，并存储一个通道，然后置入InDesign文档中，再应用"剪切路径"对话框中的"Alpha通道"进行剪切。

（1）打开文件7-12.indd，选择文档中需要进行剪裁的图像，如图7-34所示。

图 7-34 选择剪裁对象

（2）选择"对象"→"剪切路径"→"选项"菜单命令，在打开的"剪切路径"对话框中选择"类型"为"Alpha 通道"，调整下方的"阈值"和"容差"值，如图 7-35 所示。

图 7-35 "Alpha 通道"类型及参数设置

（3）设置后单击对话框右上角的"确定"按钮，根据检测到的图像边缘创建剪切路径，剪切路径以外的图像，此时的效果如图 7-36 所示。

图 7-36 利用 Alpha 通道剪裁效果

7.4 图像的链接

将图像置入 InDesign 后，系统会自动创建图像与文档之间的链接，InDesign 是通过链接的方式来显示图像的。用户可以通过"链接"面板来检查任意图像的链接状态，以选择是否重新链接或更新链接等操作。

7.4.1 将图像嵌入文档中

在 InDesign 中可以将"链接"面板中所链接的图像嵌入当前文档中，由于图像可以存储在文档文件的外部，因此使用链接可以最大限度地降低文档大小。嵌入图像时，系统将断开指向原始文件的链接，如果原始文件发生更改或丢失，则 InDesign 文档将无法自动更新文件。

（1）打开文件 7-13.indd，打开"链接"面板，在面板中选择 7-13-1.gif 文件以嵌入图像，如图 7-37 所示。

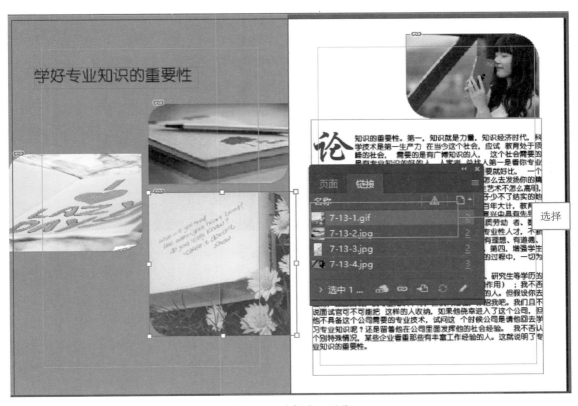

图 7-37　选择嵌入图像

（2）在"链接"面板中单击右上角的"扩展"按钮，在展开的面板菜单中选择"嵌入链接"命令，如图 7-38 所示。

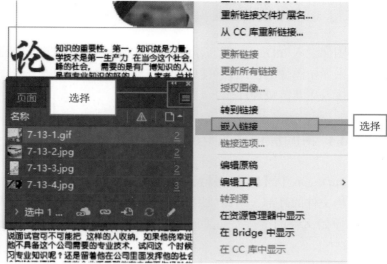

图 7-38　"嵌入链接"命令

（3）此时文件将保留在"链接"面板中，并在"状态"栏中标记嵌入式链接图标，表示该链接已嵌入，如图 7-39 所示。

图 7-39　嵌入图像效果及面板显示

7.4.2　更新、恢复和替换链接

使用"链接"面板可以检查文档中任意图像链接的状态，如果当前文件中有缺失或修改过的链接文件，则会在文件名后标记"修改的链接"图标，以提醒用户是否需要选择更新、恢复链接文件，当然，用户可以选用新的链接文件替换原链接文件。

（1）打开文件 7-14.indd，打开"链接"面板，在面板中选择需要更新的链接，单击"更新链接"按钮，如图 7-40 所示。

图 7-40　选择需要更新的链接

（2）InDesign 会在原链接文件图像文件夹中查找链接，找到链接文件后，即可创建图像与文档之间的链接，同时"修改的链接"图片消失。更新链接后的面板如图 7-41 所示。

图 7-41　更新链接后的面板

（3）如果需要替换文档中的链接文件，则可在"链接"面板中选择需要替换的链接的文件名，单击下方的"重新链接"按钮，如图 7-42 所示。

图 7-42　重新链接

（4）弹出"重新链接"对话框，在对话框中找到要需要替换的文件所在的文件夹，单击选择需要重新链接的文件，然后单击"打开"按钮，如图 7-43 所示。

图 7-43　"重新链接"对话框

（5）应用"重新链接"对话框中所选择的文件替换链接文件，得到如图 7-44 所示的重新链接后的版面效果。

图 7-44　重新链接后的版面效果

7.5 图像的艺术效果

为了让图像更有设计感，InDesign 可以通过"效果"对话框为置入的图像添加多种功能，并可以制作出一些漂亮的效果，使图像更美观，也使整个文档版面更具吸引力。

图像的艺术效果 .mp4

7.5.1 添加阴影效果

在 InDesign 中，可以为图像添加逼真的投影和内阴影效果，其中投影是在图像的外侧产生光照的阴影效果，而内阴影则是在图像的内测产生光照的阴影效果。

（1）置入图片，使用"选择工具"，选择文档中需要添加投影的图像，如图 7-45 所示。

图 7-45　选择需要添加投影的图像

（2）右击选择的图像，在弹出的快捷菜单中选择"效果"→"投影"命令，如图 7-46 所示，弹出"效果"对话框。

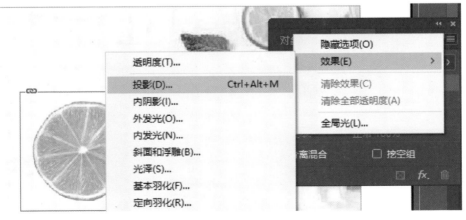

图 7-46　"投影"命令

（3）在对话框的左侧栏中勾选"投影"复选框，设置"不透明度"为"65%"，设置投影"距离"为"3毫米"、"角度"为"60°"、"大小"为"3毫米"，如图7-47所示。

图7-47　"效果"对话框

（4）设置完成后，单击对话框右下角的"确定"按钮，为所选图像添加投影效果。投影效果如图7-48所示。

图7-48　投影效果

（5）打开文件7-16.indd，应用"选择工具"，选择需要添加内阴影的图像，如图7-49所示，选择"对象"→"效果"→"内阴影"菜单命令。

图 7-49　选中需要添加内阴影的图像

（6）弹出"效果"对话框，在对话框左侧栏中勾选"内阴影"复选框，此时在对话框右侧显示"内阴影"选项，输入内阴影"距离"为"3 毫米"，"大小"为"5 毫米"，其他参数使用默认值，如图 7-50 所示。

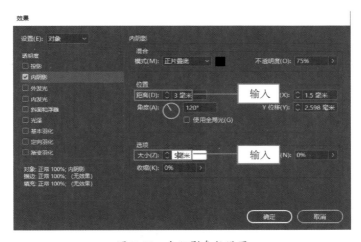

图 7-50　内阴影参数设置

（7）设置完成后，单击"确定"按钮，为图像添加内阴影效果，如图 7-51 所示。

图 7-51　内阴影效果

7.5.2　添加发光效果

在 InDesign 中，应用"效果"对话框中的"内发光"和"外发光"选项可以快速地为对象应用发光效果。外发光效果是在选定对象的外侧产生发光效果，而内发光效果则会在选定对象内侧产生发光效果。

（1）打开文件 7-16.indd 文件，使用"选择工具"，选择文档中需要添加外发光效果的图像，如图 7-52 所示。

图 7-52　选择需要添加外发光效果的图像

（2）选择"对象"→"效果"→"外发光"菜单命令，弹出"效果"对话框。在左侧栏中勾选"外发光"复选框，选择"模式"为"变暗"，选择"不透明度"为"100%"、"大小"为"50 毫米"，如图 7-53 所示。

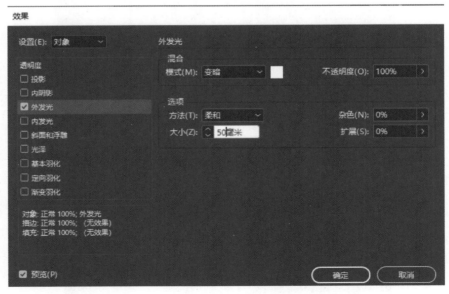

图 7-53　外发光参数设置

（3）勾选"内发光"复选框，选择"模式"为"叠加"，选择"不透明度"为"45%"、"大小"为"10 毫米"，如图 7-54 所示。

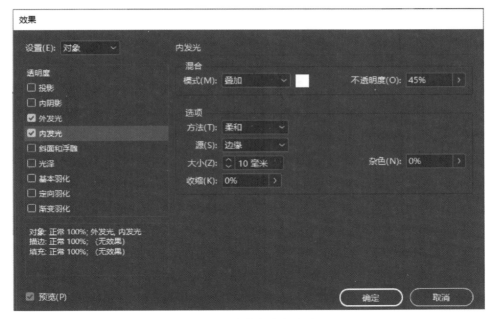

图 7-54　内发光参数设置

（4）设置完成后，单击"确定"按钮，应用设置为所选图像添加外、内发光效果，如图 7-55 所示。

图 7-55　外发光和内发光效果

7.5.3 设置"斜面和浮雕"效果

斜面和浮雕可以赋予对象逼真的三维外观。

（1）打开文件 7-17.indd，使用"选择工具"，选择需要添加斜面和浮雕效果的图像，如图 7-56 所示。

图 7-56　选择图像

（2）选择"对象"→"效果"→"斜面和浮雕"菜单命令，弹出"效果"对话框，在左侧栏中选择"斜面和浮雕"复选框，在右侧栏中设置斜面和浮雕选项，如图 7-57 所示。

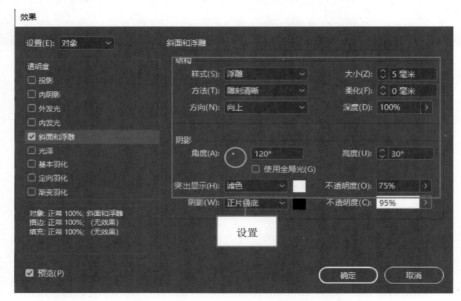

图 7-57　设置斜面和浮雕选项

（3）设置完成后单击"确定"按钮，应用设置的参数为图像添加斜面和浮雕效果，如图 7-58 所示。

图 7-58　斜面和浮雕效果

7.5.4 设置羽化效果

在 InDesign 中，提供了基本羽化、定向羽化和渐变羽化三种不同的羽化效果功能，可以使图像形成比较柔和的过渡效果。基本羽化可按照指定的距离柔化对象的边缘；定向羽化可使对象的边缘沿指定的方向渐隐为透明，从而实现边缘柔化；渐变羽化可以使对象所在区域渐隐为透明，从而实现该区域的柔化。

（1）打开文件 7-18.indd，使用"选择工具"，选择需要设置羽化效果的图像，如图 7-59 所示。

图 7-59　选中羽化图像

（2）选择"对象"→"效果"→"渐变羽化"菜单命令，弹出"效果"对话框。在左侧栏中勾选"渐变羽化"复选框，设置"类型"为"线性"，拖曳上方的"渐变色标"滑块，设置完成后，单击"确定"按钮。渐变羽化设置及效果如图 7-60 所示。

图 7-60　渐变羽化设置及效果

7.5.5 设置"混合模式"融合图像

使用"效果"面板可以指定对象或组的混合模式。InDesign 提供了多种不同类型的混合模式，包括正常、滤色、叠加、色相、饱和度、亮度等 16 种混合模式。

（1）打开文件 7-19.indd，使用"选择工具"，选择需要更改混合模式的图像，如图 7-61 所示。

（2）选择"窗口"→"效果"菜单命令，选择"效果"面板，单击"混合模式"下拉按钮，在展开的下拉列表中选择"滤色"模式，如图7-62所示。

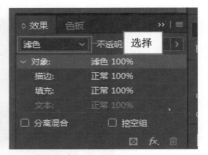

图7-61　选择图像　　　　　　　　　　　图7-62　"效果"面板

（3）应用选择的"滤色"模式混合图像，混合后的图像效果如图7-63所示。

图7-63　混合图像效果

7.5.6　设置透明度效果

应用"效果"面板中的"不透明度"选项可以确定效果的不透明度，用户可以通过拖曳滑块或输入数值进行操作，设置的不透明度值越小，得到的图像越接近于透明。在InDesign中，可以将透明度应用于单一对象或选定的对象，但不能应用于个别文本字符或图层。

（1）打开文件7-20.indd，按住Ctrl键不放，使用"选择工具"选择下方的图像，如图7-64所示。

（2）选择"效果"面板，单击"不透明度"右侧的下拉按钮，然后拖曳下方的滑块设置不透明度，如图 7-65 所示。

图 7-64　选择两幅图像　　　　　　　　　　　图 7-65　设置不透明度

7.6 翻转课堂——茶艺内页排版

【练习知识要点】

本次实训利用钢笔工具绘制图形和线条，图像艺术效果的应用包括渐变羽化、投影等效果的操作。茶艺内页排版效果如图 7-66 所示。

图 7-66　茶艺内页排版

茶艺内页排版

7.7 课后实践——商品分类与导航的设计和制作

【实践知识要点】

　　学生通过本次实训了解矩形框架工具和椭圆框架工具的使用、图像的置入和文本的排版等操作。商品分类与导航的设计和制作效果如图 7-67 所示。

图 7-67　商品分类与导航的设计和制作效果

制作商品分类导航效果

第 8 章　图文排版

本章介绍

合理地编排页面中的文字与图形，是优秀版式设计的关键所在。InDesign 作为专业的排版软件，不但可以对文字和图像进行单独的创建和编辑，还能通过多个文本框架串接文本、指定文本与图像的绕排设计等。本章主要围绕图文排版知识进行讲解，包括创建文本框架、统计框架中的字数、串接文本框架、在串接框架中添加新框架等内容。

学习目标：
- 掌握文本框架的编辑技巧
- 掌握串联文本框架的控制方法
- 掌握文本绕排的编辑技巧
- 掌握表格的使用
- 掌握编辑表格的技巧
- 掌握设置表格的格式的方法
- 掌握表格的描边和填色技巧

技能目标：
- 掌握皮影宣传册的设计与制作
- 掌握旅行宣传册的设计与制作

8.1 设置文本框架

在 InDesign 中，可以使用"水平网格工具"或"垂直网格工具"在页面中创建框架网格并输入文字，通过调整框架属性以控制框架中的文字排列效果。

8.1.1 创建水平/垂直文本框架

在 InDesign 中，使用"水平网格工具"可以在文档中创建水平方向的框架网格，框架内的文本从左到右排列，并在下一行自动续接；使用"垂直网格工具"可以在文档中创建垂直方向的框架网格，框架内的文本从上到下排列，并在左侧的下一行自动续接。

（1）打开文件 8-01.indd，打开后的原始图像如图 8-1 所示。

（2）使用"文字工具"输入文本"秋山"，选择文本，在右侧的"色板"面板中设置

"颜色"为"白色",在选项栏中设置"字体"为"Adobe 宋体 Std"、"字体大小"为"36 点",单击工具箱中的"垂直网格工具"按钮,在图像中间单击并拖曳鼠标,如图 8-2 所示。

图 8-1　原始图像　　　　　　图 8-2　利用"垂直网格工具"设置框架

（3）当拖曳到合适大小时,释放鼠标,创建文本框架网格,在框架中输入文字,设置其颜色为白色,效果如图 8-3 所示。

（4）单击工具箱中的"水平网格工具"按钮,将光标移动至需要绘制框架的位置,单击并拖曳鼠标,绘制一个 16W×2L 的网格,如图 8-4 所示。

图 8-3　文本框架网格　　　　　　图 8-4　绘制水平文字框架

（5）释放鼠标，在图像中创建水平框架网格，在网格中输入文字，水平排列的文字效果如图 8-5 所示。

图 8-5　水平排列的文字效果

8.1.2 显示/隐藏框架网格字数统计

使用框架网格编辑文档时，可以对框架中的文本进行字数统计。框架网格中的字数统计显示在网格的底部，包括框架中文本的字符数、行数、单元格的总数及实际字符数的值等。通过执行"显示 / 隐藏框架字数统计"命令可以对框架网格的字数统计进行显示或隐藏操作。

（1）打开文件 8-02.indd，打开后的原始图像效果如图 8-6 所示。

图 8-6　原始图像

（2）选择"视图"→"网格和参考线"→"隐藏框架网格"菜单命令，隐藏框架网格右下角的字数统计，效果如图 8-7 所示。

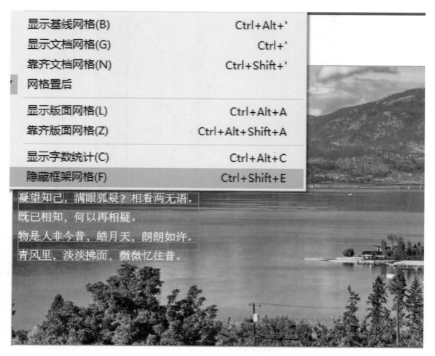

图 8-7　"隐藏框架网格"命令

8.1.3　更改文本框架属性

在 InDesign 中直接创建框架网格时，其字符属性都是默认的，通过编辑框架网格可以重新对框架网格的默认值进行设置。

（1）打开文件 8-03.indd，应用"选择工具"，选择文档中创建的框架网格，如图 8-8 所示。

图 8-8　选择框架网格

（2）选择"对象"→"网格框架选项"菜单命令，弹出"框架网格"对话框，在对话框中重新设置框架中的字体、大小等属性，如图8-9所示。

框架网格

网格属性

字体：方正粗黑宋简体　　　　　∨　Regular　∨　　　　　确定

大小：⌃ 18 点　∨　　　　　　　　　　　　　　　　取消

垂直：⌃ 100%　∨　　　水平：⌃ 100%　∨　　　☐ 预览(P)

字间距：⌃ 0 点　∨　　字符间距：18 点

行间距：⌃ 9 点　∨　行距：27 点

对齐方式选项

行对齐：居中　∨

网格对齐：全角字框，居中　∨

字符对齐：全角字框，居中　∨

视图选项

字数统计：上　∨　　　　大小：⌃ 18 点　∨

视图：对齐方式视图　∨

行和栏

字数：⌃ 13　　　　　行数：⌃ 7　　　　　　　　设置

栏数：⌃ 1　　　　　栏间距：⌃ 5 毫米

框架大小：高度 63.5 毫米 x 宽度 82.55 毫米

图 8-9　"框架网格"对话框

（3）设置完成后，单击对话框右上角的"确定"按钮，对已选择的文本框架中的文字应用设置的属性，效果如图8-10所示。

图 8-10　更改文本框架属性效果

8.2 串接文本框架

在框架之间连接文本的过程称为串接文本，也称链接文本框。在 InDesign 中，框架中的文本既可独立于其他框架，也可在多个框架中独立排文。若要在多个框架之间连续排文，就必须首先连接这些框架。连接的框架既可位于同一页或跨页，也可位于文档的其他页面。

每个文本框架都包含一个入口和一个出口，这些端口用来与其他文本框架进行连接。空的入口或出口分别表示文章的开头或结尾。端口中的箭头表示该框架链接到另一框架。出口中的红色加号（＋）图标表示该文章中有更多要置入的文本，但没有更多的文本框架可放置文本。这些剩余的不可见文本称为溢流文本，如图 8-11 所示，图中 A 表示文章开头的入口，B 用于标示与下一个框架串接关系的出口，C 表示文本串接，D 用于标示与上一个框架串接关系的入口，E 用于标示溢流文本的出口。

串接文本框
架 .mp4

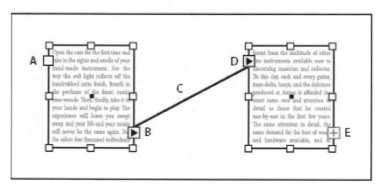

图 8-11　溢流文本

8.2.1 向串接中添加新框架

在 InDesign 中编辑长文本时，如果在框架右下角有一个红色的加号图标，就说明在文本框中还有文本没有显示出来。这时就需要添加新框架进行文本框架的串接操作，以显示未完全显示出来的文本内容。

（1）打开文件 8-04.indd，应用"选择工具"，选择图像左侧的文本框架，如图 8-12 所示。

图 8-12　选择文本框架

（2）将光标移至框架右下角的红色溢流文本标志位置，单击载入文本图标，将载入的文本图标放置到需要显示新文本框架的位置，然后单击并拖曳鼠标，如图8-13所示。

图8-13 新文本框架

（3）将框架拖曳至合适的大小后，释放鼠标，此时添加了一个框架，同样对文本进行串接设置，如图8-14所示。

图8-14 串接文本

8.2.2 向串接中添加现有框架

如果已经在页面中创建了多个文本框架，则可以直接在已创建的框架中进行框架文本的串接操作。

（1）打开文件8-05.indd，应用"选择工具"，选择文档中需要剪切的框架对象，如图8-15所示。

图 8-15　选择需要剪切的框架

（2）将光标移至框架右下角的红色溢流文本图标位置，单击鼠标，载入文本图标，将载入的文本图标连接到框架上，在框架内部使其串接到第一个框架，如图 8-16 所示。

图 8-16　添加现有框架

8.2.3　手动排文

将导入的文本置入多个串接的文本框架中称为排文。InDesign 支持手动排文和自动排文，前者提供了更灵活的排文方式，而后者可节省排文时间。手动排文是指一次一个框架地添加文本，它必须重新载入文本图标才能继续排文文本。此时光标变为 符号。

（1）打开文件 8-06.ind，使用"选择文字工具"选择左侧第一个文本框，如图 8-17 所示。

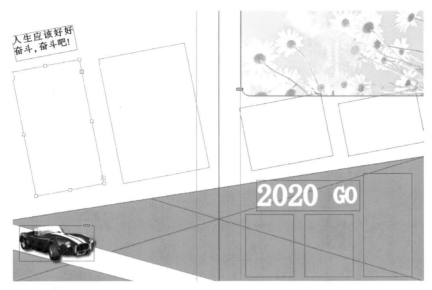

图 8-17 选择第一个文本框架

（2）选择"文件"→"置入"菜单命令，在弹出的对话框中找到并选择文件 8-05.docx，再单击"打开"按钮，结果如图 8-18 所示。

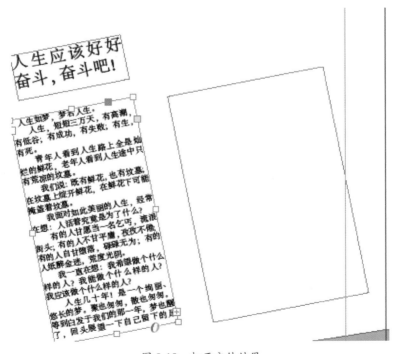

图 8-18 打开文件结果

（3）使用"选择工具"，单击该文本框的出口，将载入文本图标指向左页面右侧文本框架的任何位置并单击，如图 8-19 所示。

图 8-19　手动排文

（4）选择菜单"文件"→"存储"命令，保存该页面的位置不变，供下一个练习使用。

8.2.4　半自动排文

半自动排文的工作方式与手动文本排文相似，区别在于每次到达框架末尾时，光标将变为载入的文本图标，直到所有文本都排列到文档中为止。单击文档端口处，使光标成为载入文本的状态，按下 Alt 键，光标变为 符号，在下一栏中单击，创建串接文本。

（1）打开文件 8-06.indd，单击上次保存文件的红色加号图标，选择右页面下方的第一个文本框，如图 8-20 所示。

图 8-20　选择右页面下方第一个文本框

（2）将载入的文本图标指向右页面下方的第一个文本框，按住 Alt 键并单击，如图 8-21 所示。

图 8-21　排文第一个文本框

（3）继续按住 Alt 键并单击右边的第二个文本框，完成半自动排文，如图 8-22 所示。

图 8-22　完成半自动排文

（4）选择菜单"文件"→"存储"命令，保存该页面的位置不变，供下一个练习使用。

8.2.5 自动排文

自动排文是指自动添加页面和框架，直到所有文本都排列到文档中为止。保持光标处于载入文本的状态，按下 Shift 键，光标变为 符号，在下一栏中单击，这时系统将根据文本的多少创建文本框，如果页数不够，则系统将自动创建新页面，直到完全置入所有文本。

（1）打开文件 8-06.ind，使用"选择文字工具"，选择右页面下方的文本框，如图 8-23 所示。

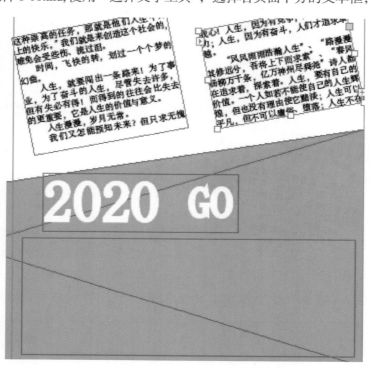

图 8-23　选中文本框

（2）将载入的文本图标指向右页面下方的文本框，按住 Shift 键并单击。此时，在右页面的下方新建了文本框架，这是因为按住了 Shift 键，将以自动方式进行排文。现在，文章的所有文本都置入了，但用户需调整这些文本框架的大小，使其位于版面内，如图 8-24 所示。

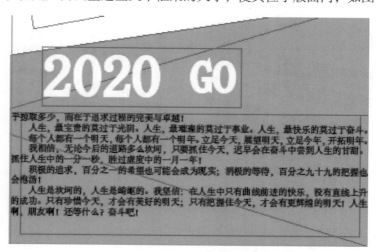

图 8-24　自动排文效果

8.3 文本绕排

在 InDesign 中，当文本和图像在同一图层中时，文本与图像会有重叠，若不想让文字被图像图形遮盖，且需要让文字绕开图像图形时，就可以使用文本绕排功能来解决这一问题。其中，文本所围绕的对象称为绕排对象。

8.3.1 创建简单的文本绕排

在 InDesign 中，使用"文本绕排"面板中的"沿定界绕排""沿对象形状绕排"等可以为指定的对象创建文本绕排效果。

（1）打开文件 8-06.indd，使用"选择工具"，单击需要设置绕排样式的对象，将文字和图片一起导入 InDesign 当中，将图片放置于文字的上方，如图 8-25 所示。

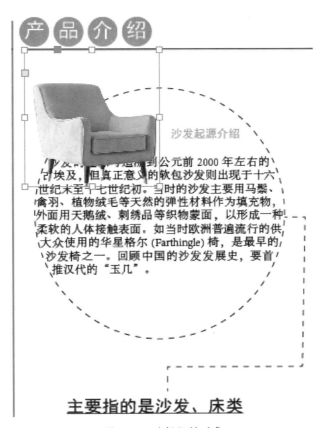

图 8-25　选择绕排对象

（2）对图片进行剪切路径的设置，之后选择"窗口"→"文本绕排"菜单命令，打开"文本绕排"面板。单击面板中的"沿对象形状绕排"按钮，此时创建与所选框架形状相同的文本绕排边界，如图 8-26 所示。

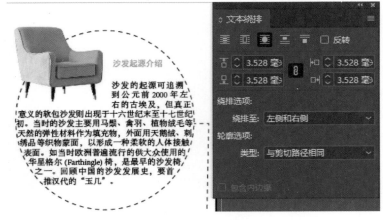

图 8-26　沿对象形状绕排

8.3.2 定义文本绕排边缘

设置好文本绕排样式后，可以使用"文本绕排"面板中的"上位移""下位移""左位移""右位移"选项为绕排的文本对象边缘指定特定的边缘大小，设置的参数越大，文本边缘与对象之间的距离也就越宽。

（1）打开文件 8-8.indd，使用"选择工具"，选择设置文本绕排的对象，之后选择"窗口"→"文本绕排"菜单命令，打开"文本绕排"面板。单击面板中的"沿对象形状绕排"按钮，此时创建与所选框架形状相同的文本绕排，如图 8-27 所示。

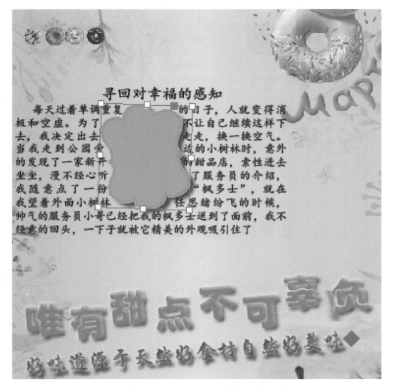

图 8-27　设置文本绕排对象

（2）在面板中单击"沿定界框绕排"，在位移的数值框内输入相应的位移值，分别设置"上位移"和"下位移"为"2毫米"，分别设置"左位移"和"右位移"为"4毫米"，效果如图8-28所示。

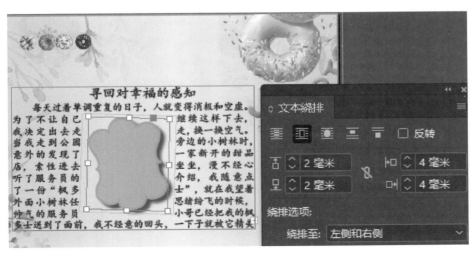

图8-28 设置位移值及效果

8.3.3 更改文本绕排的形状

（1）打开文件12.indd，使用"选择工具"，选择文本绕排的对象，打开"文本绕排"面板。单击面板中的"沿对象形状绕排"按钮，此时创建与所选框架形状相同的文本绕排，如图8-29所示。

图8-29 创建文本绕排

（2）使用"直接选择工具"，单击已应用文本绕排的对象，将光标移至对象边缘的路径锚点位置，单击选择路径上的锚点，并拖曳锚点和锚边旁边的控制手柄，将其调整到想要的效果及位置，此时可以看到更改后的文本绕排形状的效果图，如图8-30所示。

图 8-30　更改后的文本绕排形状的效果

8.4 表格的创建

表格是由行和列组成的，基本的单位是单元格。单元格类似于文本框架，可在其中添加文本、定位框架或其他表。在 InDesign 中可直接创建表格，也可以从其他应用程序中导入表格，还可以直接将文本转换为表格。

8.4.1 创建简单的表格

InDesign 可以在现有的文本框架中创建表格，也可以绘制新的文本框来创建表格。创建表格时，只要应用"插入表"对话框指定在文本框中需要创建的表格的行数和列数等。创建表格时，新建表的宽度会与作为容器的文本框的宽度一致。

表格 .mp4

（1）打开文件 8-10.indd，选择"文字工具"在文档中需要的位置绘制文本框，在文本框中单击"定位插入点"按钮，如图 8-31 所示。

图 8-31　绘制文本框

（2）在打开的"插入表"对话框中输入"正文行"为6、"列"为6，"表头行"为0、"表尾行"为0，单击"确定"按钮，即创建一个包含6行、6列的表格，如图8-32所示。

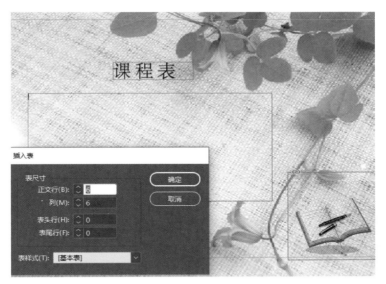

图 8-32 "插入表"对话框

（3）选择菜单"文件"→"存储"命令，保存该页面的位置不变，供下个练习使用。

8.4.2 向表中添加文本或图形

（1）打开文件8-10.indd，选择"文字工具"，将鼠标指针移到要添加文字的单元格上，如图8-33所示。

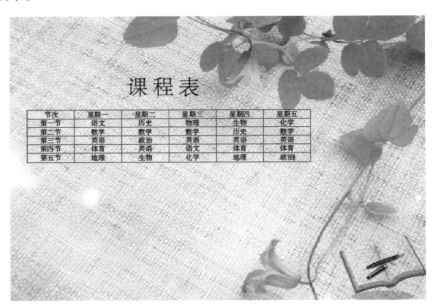

图 8-33 向表格中输入文字

（2）选择"文字工具"，将鼠标指针移到要添加图形的单元格上，单击鼠标放置插入点，如图8-34所示。

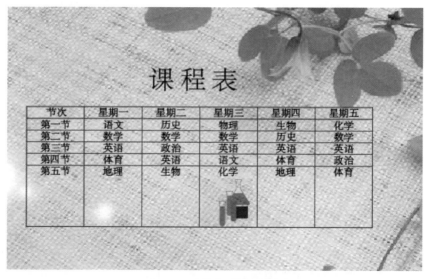

图 8-34　向表格中添加图形

（3）利用"选择工具"，选取需要的图形，如图 8-35 所示。按 Ctrl+X（或按 Ctrl+C）组合键，剪切（或复制）需要的图形，选择文字工具，在单元格中单击插入光标，如图 8-36 所示。按组合键 Ctrl+V，将图形粘贴到表中，效果如图 8-37 所示。

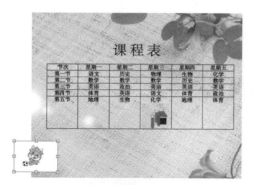

图 8-35　选取图形

图 8-36　在单元格中插入光标

图 8-37　向单元格中粘贴图形

8.5 选择和编辑表格

在文档中创建表格后，接下来可以进一步调整和编辑表格，包括选择、删除、复制表格及调整表格的对齐方式等内容。通过调整和编辑表格，能让创建的表格更适应整个文档的版面需求。

8.5.1 选择单元格

选择表格是编辑表格的基础，不管是复制表格还是移动框架中的表格，都需要先选中表格，根据版面需要可以对表格的整行或整列进行选择。

（1）选择单元格。打开文件 8-11.indd，选择"文字工具"，在要选取的单元格内单击，或选取单元格中的文本，执行"选择"→"单元格"命令，选取单元格，如图 8-38 所示。

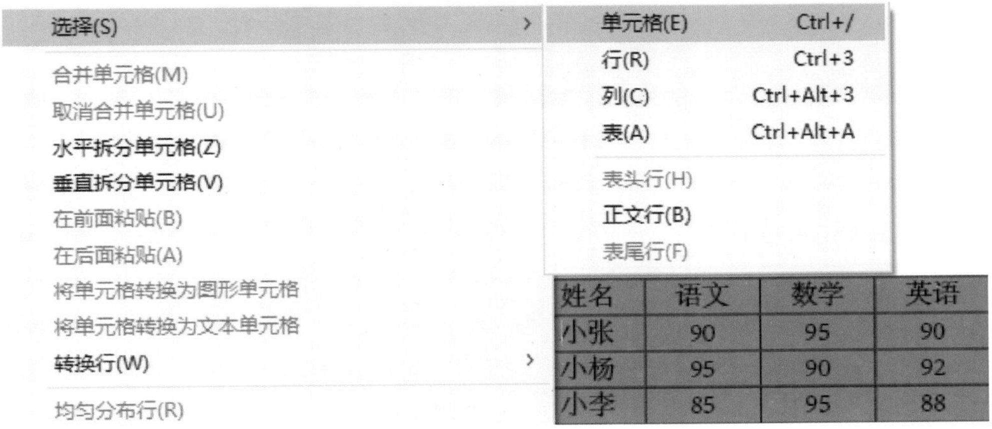

图 8-38 选取单元格

（2）或者选择"文字工具"，在单元格内拖动鼠标，选取需要的表格，选中的表格会高亮显示，如图 8-39 所示。注意不要拖动行线和列线，否则会改变白表的大小。

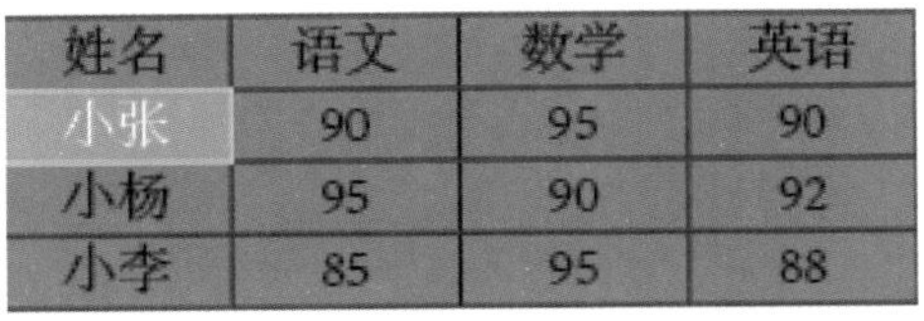

图 8-39 选中表格

（3）选择整列。选择"文字工具"，将光标移至表中需要选取的列的上边缘，光标变为箭头形状↓，单击鼠标左键，选取整列，如图 8-40 所示。

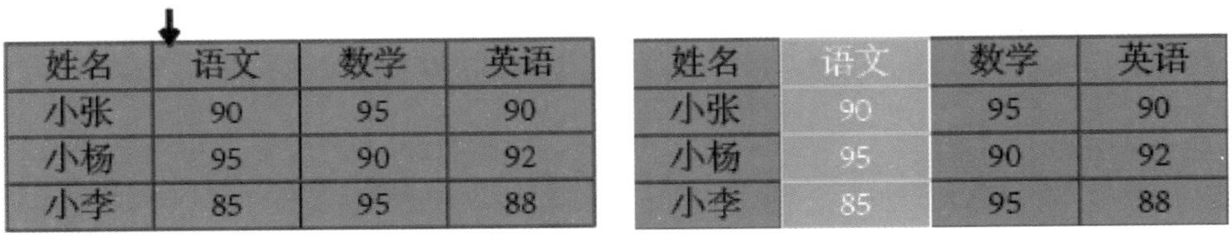

图 8-40 选取整列

（4）选择整行。选择"文字工具"，将光标移至表中需要选取的行的左边缘，光标变为箭头形状➡，单击鼠标左键，选取整行，如图 8-41 所示。

姓名	语文	数学	英语
小张	90	95	90
小杨	95	90	92
小李	85	95	88

图 8-41　选取整行

（5）选择整个表。选择"文字工具"，将光标移至表的左上方，光标变为箭头形状↘，单击鼠标左键，选取整行，如图 8-42 所示。

姓名	语文	数学	英语
小张	90	95	90
小杨	95	90	92
小李	85	95	88

图 8-42　选取整个表

8.5.2　插入行和列

创建表格后，可以在指定的位置插入指定数量的行和列。InDesign 提供了多种向表格中插入行和列的方法，可以通过执行"表"→"插入"→"行/列"命令，也可以在"表"面板菜单中执行"插入"→"行/列"命令插入行和列。

（1）插入行。打开文件 8-11.indd，选择"文字工具"，将插入点放置在需要插入新行的单元格中，执行"表"→"插入"→"行"菜单命令，打开"插入行"对话框，如图 8-43 所示。

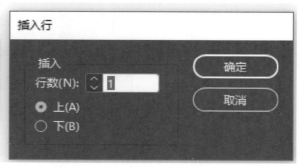

图 8-43　"插入行"对话框

（2）输入"行数"为 2，单击"下"单选按钮，再单击"确定"按钮，在插入点所在单元格下方插入 2 行单元格，如图 8-44 所示。

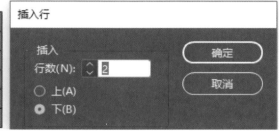

图 8-44　设置参数

（3）选择"文字工具"，在表中的最后一个单元格中插入光标，按 Tab 键，可插入一行，效果如图 8-45 所示。

姓名	语文	数学	英语
小张	90	95	90
小杨	95	90	92
小李	85	95	88

姓名	语文	数学	英语
小张	90	95	90
小杨	95	90	92
小李	85	95	88

图 8-45　利用 Tab 键实现插入

（4）插入列。打开文件 8-11.indd，选择"文字工具"，将插入点放置在需要插入新列的单元格中，执行"表"→"插入"→"列"菜单命令，打开"插入列"对话框，如图 8-46 所示。

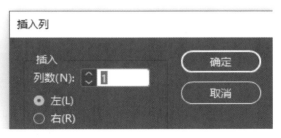

图 8-46　"插入列"对话框

（5）输入"列数"为 2，单击"右"单选按钮，再单击"确定"按钮，在插入点所在单元格右方插入 2 列单元格，如图 8-47 所示。

图 8-47　插入列参数设置

8.5.3　插入多行和多列

在 InDesign 中，我们还可以根据版面要求，同时插入多行和多列。

（1）打开文件 8-11.indd，选择"文字工具"，在表中任一位置插入光标。选择"表"→"表选项"→"表设置"命令，打开"表选项"对话框，如图 8-48 所示。

姓名	语文	数学	英语
小张	90	95	90
小杨	95	90	92
小李	85	95	88

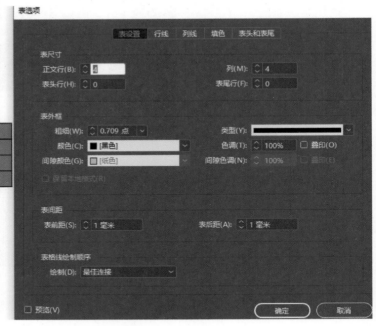

图 8-48 "表选项"对话框

（2）在"表尺寸"选项组中的"正文行""表头行""列""表尾行"选项中输入新表的行数为 6，列数为 5，可将新行添加到表的底部，新列则添加到表的右侧。效果如图 8-49 所示。

姓名	语文	数学	英语	
小张	90	95	90	
小杨	95	90	92	
小李	85	95	88	

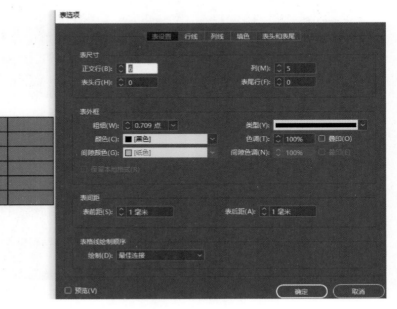

图 8-49 表选项设置

（3）选择"文字工具"，在表中任一位置插入光标。选择"窗口"→"文字"和"表"→"表"命令，打开"表"面板，如图 8-50 所示。

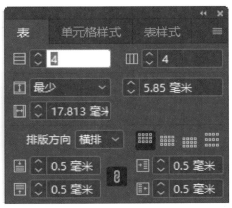

姓名	语文	数学	英语
小张	90	95	90
小杨	95	90	92
小李	85	95	88

图 8-50 "表"面板

（4）在"表"面板中，"行数"和"列数"选项中输入新表的行数为 7，列数为 5，按下 Enter 键，效果如图 8-51 所示。

姓名	语文	数学	英语	
小张	90	95	90	
小杨	95	90	92	
小李	85	95	88	

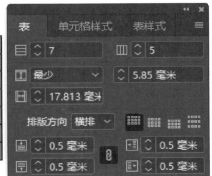

图 8-51 新表参数设置

8.6 设置表的格式

默认情况下，创建的表格每一行的宽度均相等，每一列的高度也相等。不过，在实际应用过程中，可以根据需要利用"行和列"选项卡设置行高和列宽的大小，也可以通过拖动鼠标自由设置表格的行高和列宽。

8.6.1 调整行、列的大小

（1）打开文件 8-11.indd，选择"文字工具"，在表中任一位置插入光标。选择"表"→"单元格选项"→"行和列"命令，打开"单元格选项"对话框，如图 8-52 所示。

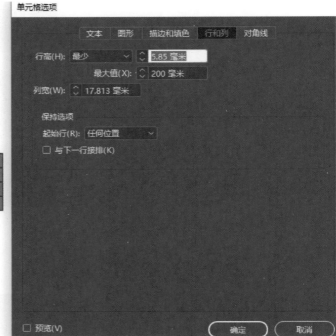

图 8-52　"单元格选项"对话框

（2）在"行高"和"列宽"选项中输入需要的数值，如图 8-53 所示。

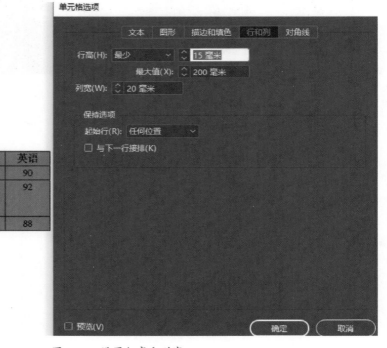

图 8-53　设置行高和列宽

（3）或者选择"文字工具"，在表中任一位置插入光标。选择"窗口"→"文字和表"→"表"命令，弹出"表"面板，如图 8-54 所示。

图 8-54 "表"面板

（4）在"行高"和"列宽"选项中分别输入需要的数值，如图 8-55 所示。

图 8-55 输入行高和列宽数值

8.6.2 不改变表宽调整行高和列宽

（1）打开文件 8-11.indd，选择"文字工具"，将光标放置在要调整列宽的列边缘上，光标变为↔，按住 Shift 键的同时，向右（或向左）拖曳鼠标，如图 8-56 所示。

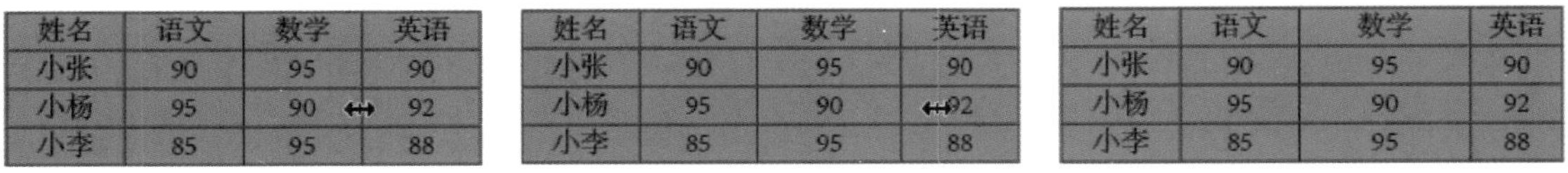

图 8-56 自由调整列宽

（2）打开文件 8-11.indd，选择"文字工具"，将光标放置在要调整行高的列边缘上，光标变为↕，按住 Shift 键的同时，向下（或向上）拖曳鼠标，如图 8-57 所示。

图 8-57 自由调整行高

8.6.3 调整整个表的大小

（1）打开文件 8-11.indd，选择"文字工具"，将光标放置在表的右下角，光标变为↘，向右上方（或向左上方）拖曳光标，可以增大（或减小）表的大小，如图 8-58 所示。

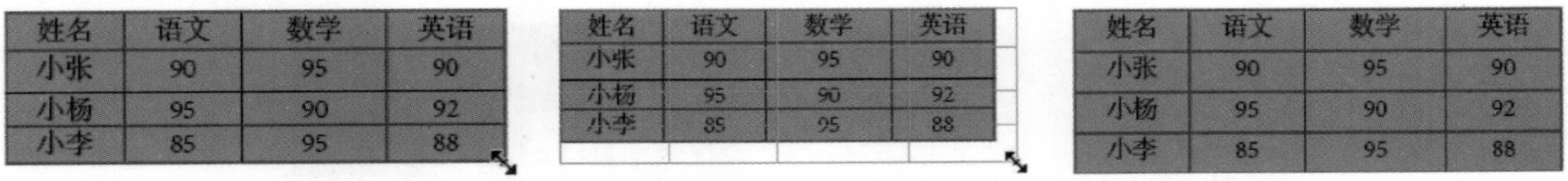
姓名 语文 数学 英语
小张 90 95 90
小杨 95 90 92
小李 85 95 88
姓名 语文 数学 英语
小张 90 95 90
小杨 95 90 92
小李 85 95 88
姓名 语文 数学 英语
小张 90 95 90
小杨 95 90 92
小李 85 95 88

图 8-58 改变整个表的大小

（2）均匀分布行。打开文件 8-12.indd，选择“文字工具”，选取要均匀分布的行。选择“表”→“均匀分布行”命令，均匀分布选取的单元格所在的行，取消文字的选取状态，效果如图 8-59 所示。

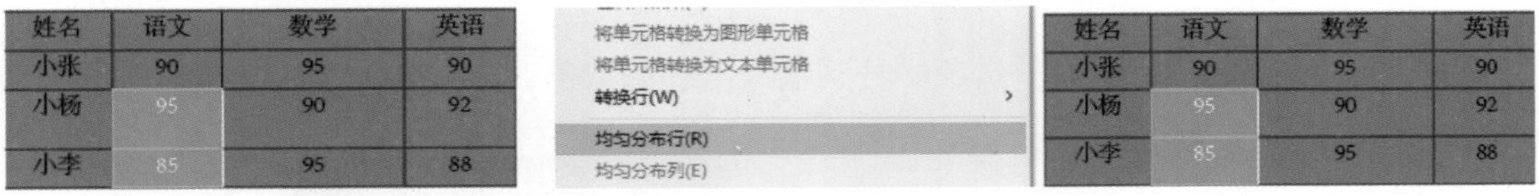
姓名 语文 数学 英语
小张 90 95 90
小杨 95 90 92
小李 85 95 88
将单元格转换为图形单元格
将单元格转换为文本单元格
转换行(W)
均匀分布行(R)
均匀分布列(E)
姓名 语文 数学 英语
小张 90 95 90
小杨 95 90 92
小李 85 95 88

图 8-59 均匀分布行

（3）均匀分布列。选择“文字工具”，选取要均匀分布的列。选择“表”→“均匀分布列”命令，均匀分布选取的单元格所在的列，取消文字的选取状态，效果如图 8-60 所示。

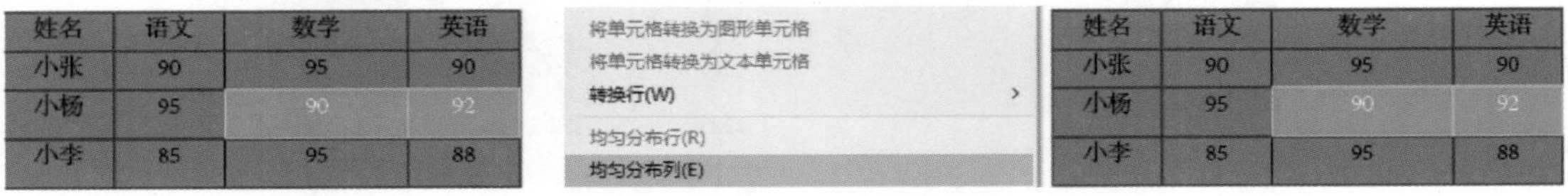
姓名 语文 数学 英语
小张 90 95 90
小杨 95 90 92
小李 85 95 88
将单元格转换为图形单元格
将单元格转换为文本单元格
转换行(W)
均匀分布行(R)
均匀分布列(E)
姓名 语文 数学 英语
小张 90 95 90
小杨 95 90 92
小李 85 95 88

图 8-60 均匀分布列

8.6.4 设置表中文本的格式

（1）更改表单元格中文本的对齐方式。打开文件 8-11.indd，选择“文字工具”，选取要更改文字对齐方式的单元格，选择“表”→“单元格选项”→“文本”命令，弹出“单元格选项”对话框，如图 8-61 所示。在“垂直对齐”选项组中分别选取需要的对齐方式，单击“确定”按钮，效果如图 8-62 所示。

姓名 语文 数学 英语
小张 90 95 90
小杨 95 90 92
小李 85 95 88
单元格选项
文本 图形 描边和填色 行和列 对角线
排版方向
排版方向(Y): 水平
单元格内边距
上(T): 0.5 毫米
下(B): 0.5 毫米
左(L): 0.5 毫米
右(R): 0.5 毫米
垂直对齐
对齐(A): 上对齐
段落间距限制(P): 0 毫米
首行基线
位移(F): 全角字框高度
最小(M): 0 毫米
剪切
按单元格大小剪切内容(C)
文本旋转
旋转(O): 0°
预览(V)
确定
取消

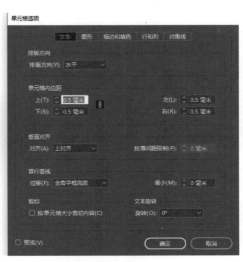

图 8-61 “单元格选项”对话框

姓名	语文	数学	英语
小张	90	95	90
小杨	95	90	92
小李	85	95	88

（a）上对齐　　　　（b）居中对齐　　　　（c）下对齐

图 8-62　各种对齐效果

（2）旋转单元格中的文本。打开文件 8-11.indd，选择"文字工具"，选取要旋转文字的单元格，选择"表"→"单元格选项"→"文本"命令，打开"单元格选项"对话框，在"文本旋转"选项组的"旋转"中选取需要的旋转角度，单击"确定"按钮，效果如图 8-63 所示。

姓名	语文	数学	英语
小张	90	95	90
小杨	95	90	92
小李	85	95	88

图 8-63　旋转单元格中的文本

8.6.5　合并和拆分单元格

（1）合并单元格。打开文件 8-13.indd，选择"文字工具"，选取要合并的单元格，选择"表"→"合并单元格"命令，合并选取的单元格，效果如图 8-64 所示。

成绩表			
姓名	语文	数学	英语
小张	90	95	90
小杨	95	90	92
小李	85	95	88

图 8-64　合并单元格

（2）水平拆分单元格。打开文件 8-14.indd，选择"文字工具"，选取要拆分的单元格，选择"表"→"水平拆分单元格"命令，水平拆分选取的单元格，效果如图 8-65 所示。

成绩表			
姓名	语文	数学	英语
小张	90	95	90
小杨	95	90	92
小李	85	95	88

图 8-65　水平拆分单元格

（3）垂直拆分单元格。打开文件 8-14.indd，选择"文字工具"，选取要拆分的单元格，选择"表"→"垂直拆分单元格"命令，垂直拆分选取的单元格，效果如图 8-66 所示。

成绩表			
姓名	语文	数学	英语
小张	90	95	90
小杨	95	90	92
小李	85	95	88

成绩表			
姓名	语文	数学	英语
小张	90	95	90
小杨	95	90	92
小李	85	95	88

图 8-66　垂直拆分单元格

8.7　表格的描边和填色

在 InDesign 中默认的表格颜色都是黑色，而表格中的各个单元格颜色为紫色。为了让表格呈现出丰富的样式效果，可以应用"表选项"对话框调整表格中的边框、行线或列线颜色等，还可以为表格设置交替颜色效果。

8.7.1　更改表边框的描边和填色

（1）打开文件 8-14.indd，选择"文字工具"，在表中插入光标，选择"表"→"表选项"→"表设置"命令，打开"表选项"对话框，效果如图 8-67 所示。

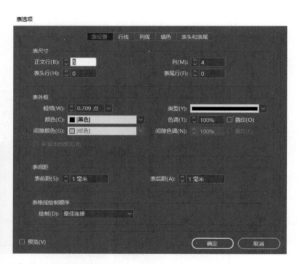

图 8-67　"表选项"对话框

（2）在"表设置"选项卡的"表外框"组中指定所需的粗细、类型、颜色、色调等设置，效果如图 8-68 所示。

图 8-68　表外框设置

8.7.2 为单元格添加描边和填色

在表格中，可以使用"单元格选项"对话框添加描边和填色。

（1）打开文件 8-14.indd，选择"文字工具"，在表中选取需要描边和填色的单元格，选择"表"→"合并单选项"→"描边和填色"命令，打开"单元格选项"对话框，如图 8-69 所示。

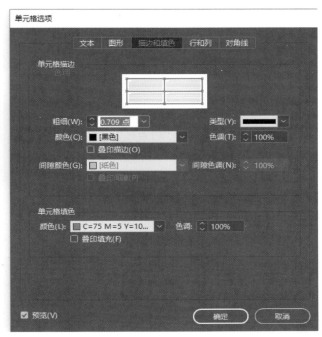

图 8-69 "单元格选项"对话框

（2）在"单元格描边"选项组的预览区域中，单击蓝色线条可以取消线条的选取状态，线条呈现灰色状态，表示不能描边。在其他选项中指定线条所需的粗细、类型、颜色、色调和间隙颜色。在"单元格填色"选项中指定单元格所需的颜色和色调。设置需要的数值，单击"确定"按钮，如图 8-70 所示。

图 8-70 单元格选项设置

（3）也可以使用"描边"面板进行描边，打开文件 8-14.indd，选择"文字工具"，在表中选取需要的单元格，选择"窗口"→"描边"命令，弹出"描边"面板，在预览区域中取消不需要添加描边的线条，其他选项的设置如图 8-71 所示。

图 8-71　"描边"面板设置

8.7.3　为单元格添加对角线

（1）打开文件 8-14.indd，选择"文字工具"，在表中选取需要添加对角线的单元格，选择"表"→"单元格选项"→"对角线"命令，打开"单元格选项"对话框，如图 8-72 所示。

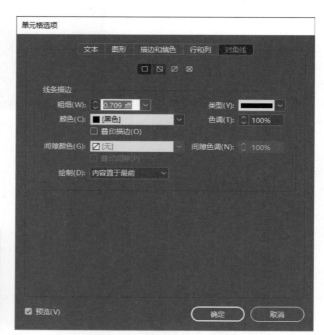

图 8-72　"单元格选项"对话框——"对角线"选项卡

（2）要添加的对角线类型有三种：从左上角到右下角的对角线按钮▧、从右上角到左下角的对角线按钮▧、交叉对角线按钮▧。单击要添加的对角线按钮，在"线条描边"选项组中指定对角线所需的粗细、类型、颜色和间隙颜色；指定"间隙色调"百分比和"叠印间隙"选项。效果如图 8-73 所示。

图 8-73　设置对角线参数

8.8 在表格中应用交替填色

使用"表选项"对话框中的选项不但可以为表格设置交替行线或列线描边效果，也可以根据需要为表格设置交替填充效果。

8.8.1 为表添加交替描边

（1）打开文件 8-15.indd，选择"文字工具"，在表中插入光标，选择"表"→"表选项"→"交替行线"命令，打开"表选项"对话框，在"交替模式"选项中选取需要的模式类型，如图 8-74 所示。

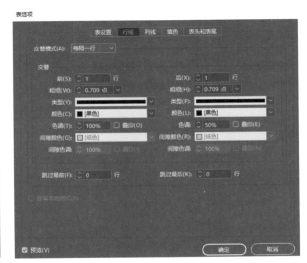

图 8-74　选择描边的类型

（2）在"交替模式"中选择"每隔一行"，在"交替"选项组中设置更多的选项，单击"确定"按钮，效果如图8-75所示。

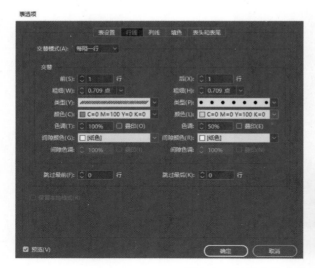

图8-75　设置交替选项（行）

（3）选择"文字工具"，在表中插入光标，选择"表"→"表选项"→"交替列线"命令，打开"表选项"对话框。在"交替模式"选项中选取需要的模式类型"每隔一列"，如图8-76所示。

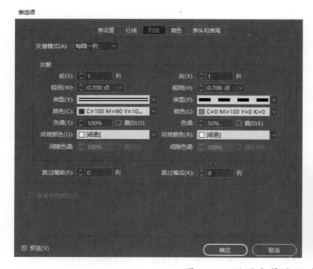

图8-76　设置交替选项（列）

（4）选择菜单"文件"→"存储"命令，保存该页面的位置不变，供下个练习使用。

8.8.2　为表添加交替填充

（1）打开文件8-15.indd，选择"文字工具"，在表中插入光标，选择"表"→"表选项"→"交替填色"命令，打开"表选项"对话框，在"交替模式"选项中选取需要的模式类型，如图8-77所示。

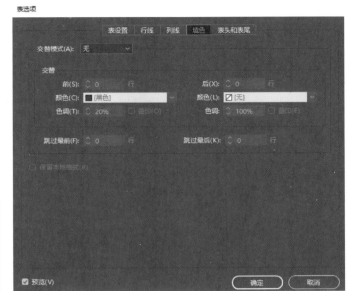

图 8-77 "表选项"对话框——"填色"选项卡

（2）在"交替模式"中选择"每隔一行"，在"交替"选项组中设置更多的选项，单击"确定"按钮，效果如图 8-78 所示。

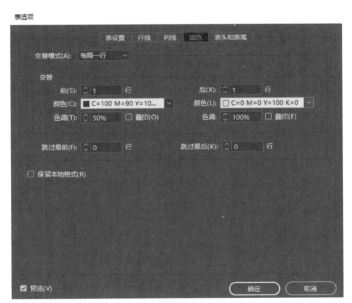

图 8-78 填色参数设置及效果

8.9 翻转课堂——皮影宣传册的设计与制作

【练习知识要点】

学生通过本次实训要求掌握图像的置入、应用剪切路径裁剪图像、水平网格工具、垂直网格工具、文本绕排等的操作。皮影宣传册的设计与制作效果，如图 8-79 所示。

图 8-79　皮影宣传册的设计与制作效果　　　　　　　"皮影"宣传画册内页设计

8.10 课后实践——旅行宣传册的设计与制作

【实践知识要点】使用直线工具、旋转工具和渐变羽化工具制作背景的发光效果。使用文字工具、钢笔工具、路径查找器调板和多边形工具制作广告语。使用椭圆工具、相加命令和效果调板制作云图形。使用插入表命令、表调板和段落调板添加并编辑表格。

学生通过本次实训了解表格的使用、掌握编辑表的技巧、掌握设置表的格式的方法、掌握表格的描边和填色技巧的应用。旅行宣传册的制作效果如图 8-80 所示。

图 8-80　旅行宣传册的制作效果　　　　　　旅行宣传册的设计与制作

第9章 矢量图形的绘制

本章介绍

在版面设计中，图形和图像是必不可少的设计元素。InDesign CC 虽然是一款排版软件，但是在其内部提供了多种绘制图形的工具，如矩形工具、椭圆工具、多边形工具、钢笔工具等，每一种工具都有其独特的功能和优势，通过应用这些工具可以创建任意形状的图形，帮助设计者完成更精美的页面排版设计。本章主要讲解图形的绘制、路径创建与编辑等内容进行深入讲解。

学习目标：
- 掌握基本图形的绘制方法
- 掌握路径工具绘制和编辑图形的技巧
- 掌握路径的编辑技巧
- 掌握复合路径和复合形状的绘制方法

技能目标：
- 掌握便签纸的设计与制作方法
- 掌握卡通小熊的设计与制作方法

9.1 基本图形的绘制

图形的绘制是排版设计中非常重要的操作之一，通过在页面中绘制一些合适的图形，不但可以帮助设计者更好地把握设计意图，而且能增强版面的美观性。

9.1.1 绘制矩形

在 InDesign 中，使用"矩形工具"可以在页面中绘制矩形或正方形图形。默认情况下，应用"矩形工具"绘制图形时，系统会自动以当前"拾色器"中所设置的填充色填充所绘制的图形。读者可以在"色板"或"颜色"面板中重新为图形指定填充色。

基本图形的绘制 .mp4

（1）使用鼠标直接拖曳绘制矩形。单击工具箱中的"矩形工具"按钮▣，光标会变成⁙形状，移动鼠标指针到页面中需要绘制矩形的位置，单击并向下方拖动，如图 9-1 所示。按住 Shift 键的同时，再进行绘制，可以绘制出一个正方形。

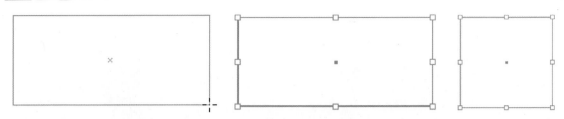

图 9-1　使用鼠标直接拖曳绘制矩形

（2）使用对话框精确绘制矩形。单击工具箱中的"矩形工具"按钮◫，在文档页面中单击，打开"矩形"对话框，在对话框中设定所要绘制矩形的宽度和高度，如图 9-2 所示。

图 9-2　使用对话框精确绘制矩形

（3）通过直接拖曳制作矩形角的变形。如图 9-3 所示，在矩形的黄色点上单击，矩形的上下左右 4 个点处于可编辑状态，向内拖曳其中任意一个点，可对矩形角进行变形，松开鼠标，效果如图 9-3 所示。按住 Alt 键的同时，单击任意一个黄色点，可在 5 种角中交替变形，如图 9-4 所示。按住 Alt+Shift 组合键的同时，单击其中的一个黄色点，可使选取的点在 5 种角中交替变形，如图 9-5 所示。

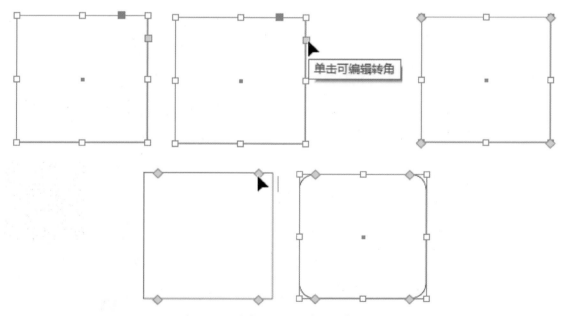

图 9-3　通过直接拖曳制作矩形角的变形

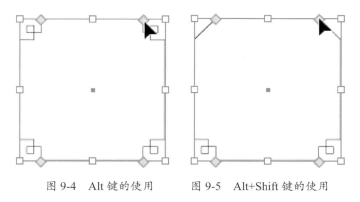

图 9-4　Alt 键的使用　　　图 9-5　Alt+Shift 键的使用

（4）使用"角选项"对话框制作矩形角的变形。单击工具箱中的"矩形工具"按钮▣，选取绘制好的矩形，选择"对象"→"角选项"命令，打开"角选项"对话框。在"转角大小及形状"中输入具体的转角大小和选取需要的角形状，单击"确定"按钮，效果如图 9-6 所示，分别为花式、斜角、内陷、方向和圆角等效果。

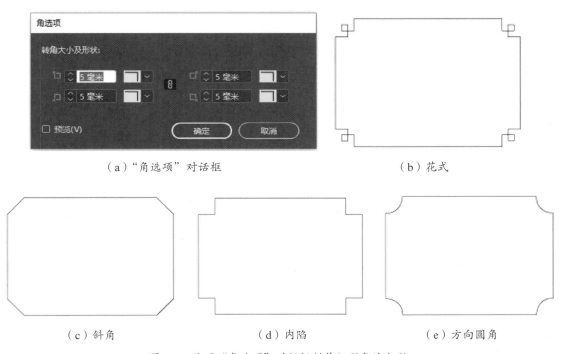

（a）"角选项"对话框　　　　　　　　　　（b）花式

（c）斜角　　　　　　　　（d）内陷　　　　　　　　（e）方向圆角

图 9-6　使用"角选项"对话框制作矩形角的变形

9.1.2　绘制椭圆形

在 InDesign 中，"椭圆工具"主要用于绘制椭圆形或正圆形，椭圆工具与矩形工具的使用方法类似。

（1）使用鼠标直接拖曳绘制椭圆形。单击工具箱中的"椭圆形工具"按钮◯，光标会变成╬形状，移动鼠标指针到页面中需要绘制椭圆形的位置，单击并向下方拖动，如图 9-7 所示。按住 Shift 键的同时，再进行绘制，可以绘制出一个正方形。

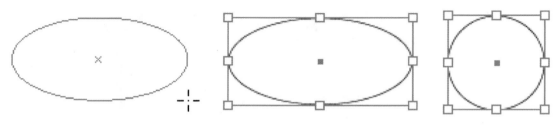

图 9-7　使用鼠标直接拖曳绘制椭圆形

（2）使用"椭圆"对话框精确绘制椭圆形。单击工具箱中的"椭圆形工具"按钮 █，在文档页面中单击，打开"椭圆"对话框，在对话框中设定所要绘制椭圆形的宽度和高度，如图 9-8 所示。

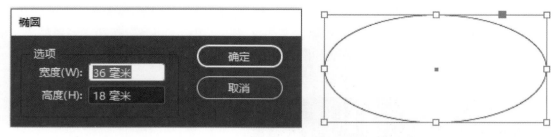

图 9-8　使用"椭圆"对话框精确绘制椭圆形

9.1.3　绘制多边形

使用"多边形工具"可以在文档中绘制特定边数的多边形图形，一般默认绘制的多边形边数是 6。

（1）使用鼠标直接拖曳绘制多边形。单击工具箱中的"多边形工具"按钮 █，光标会变成 ⊹ 形状，移动鼠标指针到页面中需要绘制多边形的位置，单击并向下方拖动，如图 9-9 所示。按住 Shift 键的同时，再进行绘制，可以绘制出一个正多边形。

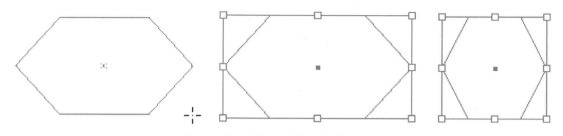

图 9-9　使用鼠标直接拖曳绘制多边形

（2）双击"多边形工具"按钮 █，打开"多边形设置"对话框，在"边数"选项中，设定所要绘制多边形的边数，在"星形内陷"选项中，可以通过改变数值框中的数值来设置多边形尖角的锐化程度，如图 9-10 所示。

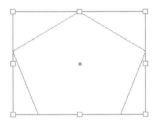

图 9-10 "多边形设置"对话框

（3）通过设置"星形内陷"的值，在页面中拖曳光标，绘制出需要的五角形，如图 9-11 所示。

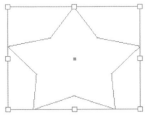

图 9-11 五角形

（4）使用对话框精确绘制多边形。单击工具箱中的"多边形工具"按钮，在文档页面中单击，打开"多边形"对话框，在对话框中设定所要绘制多边形的宽度和高度，如图 9-12 所示。

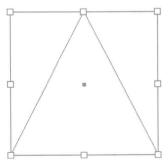

图 9-12 使用对话框精确绘制多边形

（5）单击工具箱中的"多边形工具"按钮，在文档页面中单击，打开"多边形"对话框，在对话框中设定所要绘制多边形的宽度和高度、边数和星形内陷，如图 9-13 所示。

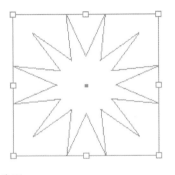

图 9-13 绘制多边形

9.2 绘制直线和曲线路径

应用"矩形工具""椭圆工具""多边形工具"可以绘制比较规则的图形。如果需要绘制外形更复杂的图形，就需要应用"直线工具"和"钢笔工具"来绘制直线与曲线路径，通过两者结合创建各种不同形状的图形。

路径 .mp4

9.2.1 绘制直线路径

（1）打开文件 9-01.indd，单击"直线工具"按钮，在显示的选项栏中设置属性，如图 9-14 所示。

图 9-14　直线工具

（2）移动鼠标指针至文档页面中，在适当位置单击以确定直线路径的起始锚点并向右拖动鼠标，如图 9-15 所示。

图 9-15　确定起始锚点

（3）当拖动至需要设置为路径终点的位置时，释放鼠标，绘制出直线路径，如图 9-16 所示。

图 9-16 绘制直线

9.2.2 曲线路径的绘制

在 InDesign 中，应用"铅笔工具"可以绘制不同弯曲度的曲线路径，该工具根据鼠标拖动的轨迹创建路径，效果如同铅笔绘画一样。

（1）打开文件 9-2.indd，单击"铅笔工具"按钮，在选项栏中设置属性，如图 9-17 所示。

图 9-17 铅笔工具

（2）此时鼠标指针变为✎形，在页面中单击并拖动鼠标，随着鼠标的拖动会有虚线轨迹出现，如图 9-18 所示。

（3）当拖动到适当位置后，释放鼠标，即可完成曲线路径的绘制。继续用"铅笔工具"创建另一条曲线路径，如图 9-19 所示。

图 9-18 虚线轨迹

图 9-19 绘制的曲线路径

9.2.3 钢笔工具的使用

使用"直线工具"和"铅笔工具"只能绘制直线路径或曲线路径，若要同时绘制直线和曲线路径，则需要使用"钢笔工具"。"钢笔工具"是一个功能强大的绘图工具，不但可以单独绘制直线路径及曲线路径，也可以通过应用路径上的锚点和控制手柄同时绘制出直线和曲线路径，创建更为复杂的路径或图形。

（1）使用"钢笔工具"绘制直线和折线。单击"钢笔工具"，在页面中的任意位置单击，将创建出 1 个锚点，将鼠标指针移动到需要的位置单击，可以创建第 2 个锚点，两个锚点之间自动以直线进行连接，如图 9-20 所示。再将鼠标指针移动到其他地方单击，就出现了第 3 个锚点，在第 2 个和第 3 个锚点之间生成一条新的直线路径，如图 9-21 所示。当要闭合路径时，将鼠标指针定位于创建的第一个锚点上，鼠标指针变为图标 ，单击就可以闭合路径，效果如图 9-22 所示。

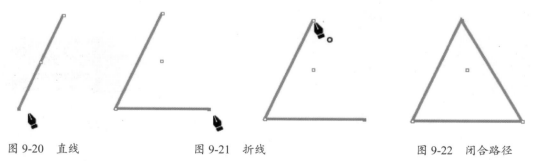

图 9-20 直线　　　　　　图 9-21 折线　　　　　　图 9-22 闭合路径

（2）绘制一条路径并保持路径开放，如图 9-23 所示，按住 Ctrl 键的同时，在对象外的任意位置单击，可以结束路径的绘制，开放路径效果如图 9-23 所示。

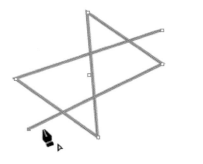

图 9-23　绘制开放路径

（3）使用"钢笔工具"绘制路径。单击"钢笔工具"，在页面中任意位置单击，按住鼠标左键拖曳来确定路径的起点，起点的两端分别出现了一条控制线，松开鼠标左键，如图 9-24（a）所示。移动鼠标指针到需要的位置再次单击并按住鼠标左键拖曳，出现了一条路径段，同时第 2 个锚点两端也出现了控制线，如图 9-24（b）所示。如果连续单击并拖动鼠标，就会绘制出连续平滑的路径，如图 9-24（c）所示。

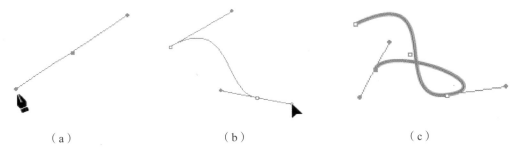

（a）　　　　　　　　　（b）　　　　　　　　　（c）

图 9-24　使用"钢笔工具"绘制路径

（4）使用"钢笔工具"绘制混合路径。单击"钢笔工具"，在页面中需要的位置单击两次绘制出直线，如图 9-25（a）所示。移动鼠标指针到需要的位置，再次单击并按住鼠标左键拖曳，绘制出一条路径段，如图 9-25（b）所示，同理再绘制出一条路径段，如图 9-25（c）所示。

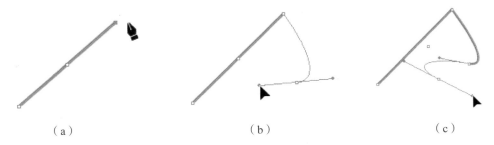

（a）　　　　　　　　　（b）　　　　　　　　　（c）

图 9-25　使用"钢笔工具"绘制混合路径

（5）将光标 定位于刚建立的路径锚点上，会出现一个转换图标 ，如图 9-26（a）所示。在路径锚点上单击，将路径锚点转换为直线锚点。移动鼠标到需要的位置再次单击，在路径段后绘制出直线段，如图 9-26（b）所示。将鼠标指针定位于创建的第一个锚点上，鼠标指针变为 图标，单击就可以闭合路径，如图 9-26（c）所示。

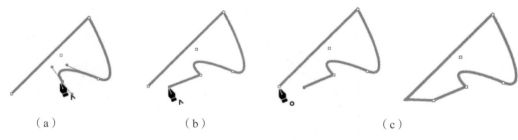

（a）   （b）   （c）

图 9-26 绘制闭合路径

9.3 路径的编辑

在 InDesign 中，应用"钢笔工具"和"铅笔工具"可以创建各种形状的路径，但是很难一次性精确创建出想要的路径，此时就需要应用路径编辑工具对创建的路径做进一步的调整，通过调整路径锚点和线段，获得更理想的排版效果。

9.3.1 选择路径、线段和锚点

（1）打开文件 9-3.indd，单击"直接选择工具"按钮，将光标移动至锚点上方如图 9-27 所示。

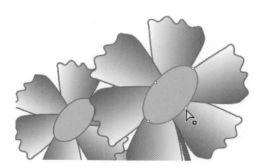

图 9-27 选择锚点

（2）单击鼠标选择锚点，选中的路径锚点显示实心正方形，未选中的锚点显示空心正方形，如图 9-28 所示。

（3）按住 Shift 键不放，单击路径上的另外一个锚点，单击后即可选中锚点和锚点中间的线段，如图 9-29 所示。

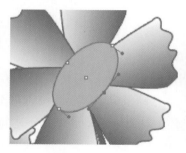
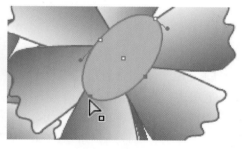

图 9-28 选中的路径锚点   图 9-29 选中锚点和锚点中间的线段

（4）如果要选中路径上的所有锚点和线段，可以单击"选择工具"按钮 ，选择要选中的锚点和线段的图形，如图 9-30 所示。

（5）再单击工具箱中的"直接选择工具"按钮 ，此时可以看到所有的锚点和线段都处于被选中状态如图 9-31 所示。

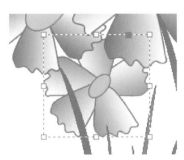 

图 9-30　选中所有锚点和线段　　图 9-31　所有锚点和线段均被选中

9.3.2　更改曲线段的位置或形状

在 InDesign 中，应用"直接选择工具"选中图形后，拖动锚点可以对曲线位置和形状进行编辑。

（1）打开文件 9-4.indd，单击"直接选择工具"按钮 ，将鼠标指针移到一条曲线段的上方，单击并拖动即可调整曲线线段的形状，如图 9-32 所示。

（2）如果要调整所选锚点任意一侧线段的形状，可以单击"直接选择工具"按钮 ，选中路径上的锚点，显示方向线，如图 9-33 所示。

（3）单击并拖动选中的方向线即可完成一段曲线的调整，如图 9-34 所示。

图 9-32　调整曲线线段的形状　　图 9-33　调整所选锚点任意　　图 9-34　调整操作
　　　　　　　　　　　　　　　　　一侧线段的形状

9.3.3　添加删除锚点

在"钢笔工具"组中除了"钢笔工具"外，还有"添加锚点工具"和"删除锚点工具"，可以在绘制的路径上添加或删除锚点，以控制路径的外观形态。默认情况下，当将"钢笔工具"定位到所选路径的上方时，会自动变为"添加锚点工具"，当将"钢笔工具"定位到锚点的上方时，则会变为"删除锚点工具"。

（1）打开文件 9-5.indd，使用"选择工具"，选择需要修改的路径。单击"添加锚点工具"，将鼠标指针移至路径的上方，此时鼠标指针变为 形，如图 9-35 所示。

（2）单击鼠标，即可在单击的位置添加一个新的锚点，拖动该锚点可更改路径形状，如图 9-36 所示。

图 9-35　添加锚点工具　　　　　　　　图 9-36　更改路径形状

（3）单击工具箱中的"删除锚点工具"按钮，将鼠标指针定位到锚点上，此时鼠标指针变为 ，单击鼠标，即可将定位处的锚点删除，效果如图 9-37 所示。

图 9-37　删除锚点

9.4 "路径查找器"面板

在 InDesign 中提供了"路径查找器"面板来编辑路径，包括封闭和开放路径、转换路径形状、转换路径锚点等。

9.4.1 转换封闭和开放路径

（1）打开文件 9-6.indd，使用"直接选择工具"，选中图形中的一个封闭的工作路径，如图 9-38 所示。

（2）执行"窗口"→"对象和版面"→"路径查找器"命令，弹出"路径查找器"面板。单击"开放路径"按钮，将当前选中的封闭路径转换为开放路径，拖动一端的锚点，如图 9-39 所示。

图 9-38　选中封闭的工作路径

图 9-39　"路径查找器"面板

（3）断开路径后，若要重新闭合路径，执行"窗口"→"对象和版面"→"路径查找器"命令，弹出"路径查找器"面板。单击"闭合路径"按钮，连接选中的开放路径两个端点，得到封闭的路径，如图 9-40 所示。

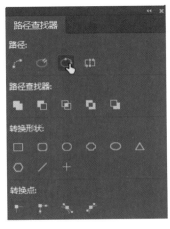

图 9-40　重新闭合路径

9.4.2　创建复合形状

1. 添加

添加是将多个图形结合成一个图形，新的图形轮廓由被添加图形的边界组成，被添加图形的交叉线都将消失。

打开文件 9-7.indd，选择"选择工具"，选取需要的图形对象，选择"窗口"→"对象和版面"→"路径查找器"命令，弹出"路径查找器"面板。单击"相加"按钮 ，如图 9-41 所示，相加后图形对象的边框和颜色与最前方的图形对象相同。

图 9-41　添加

2. 减去

减去是从底层的对象中减去顶层的对象，被减后的对象保留其填充和描边属性。

打开文件 9-7.indd，选择"选择工具"，选取需要的图形对象，选择"窗口"→"对象和版面"→"路径查找器"命令，弹出"路径查找器"面板。单击"减去"按钮 ，如图 9-42 所示，相减后的对象保持底层对象的属性。

  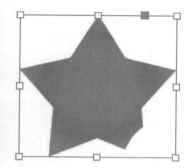

图 9-42　减去

3. 交叉

交叉是将两个或两个以上对象的相交部分保留，使相交的部分成为一个新的图形对象。

打开文件 9-7.indd，选择"选择工具"，选取需要的图形对象，选择"窗口"→"对象和版面"→"路径查找器"命令，弹出"路径查找器"面板。单击"交叉"按钮 ，如图 9-43 所示，相交后的对象保持顶层对象的属性。

图 9-43　交叉

4. 排除重叠

排除重叠是减去前后图形的重叠部分，将不重叠的部分创建图形。

打开文件 9-7.indd，选择"选择工具"，选取需要的图形对象，选择"窗口"→"对象和版面"→"路径查找器"命令，弹出"路径查找器"面板。单击"排除重叠"按钮，将两个重叠的部分减去，如图 9-44 所示，生成的新对象保持最前方图形对象的属性。

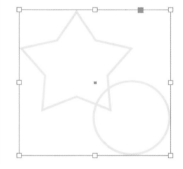

图 9-44　排除重叠

5. 减去后方对象

减去后方对象是减去后面图形，并减去前后图形的重叠部分，保留前面图形的剩余部分。

打开文件 9-7.indd，选择"选择工具"，选取需要的图形对象，选择"窗口"→"对象和版面"→"路径查找器"命令，弹出"路径查找器"面板。单击"减去后方对象"按钮，将后方的图形对象减去，如图 9-45 所示，生成的新对象保持最前方图形对象的属性。

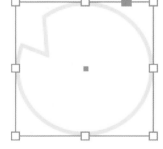

图 9-45　减去后方对象

9.4.3 路径形状的转换

（1）打开文件 9-8.indd，使用"选择工具"选中需要转换形状的图形，如图 9-46 所示。

（2）打开"路径查找器"面板，单击面板中的"将形状转换为多边形"按钮，此时所选中的图形将根据多边形工具设置转换为多边形效果，如图 9-47 所示。

图 9-46　选中需要
转换形状的图形

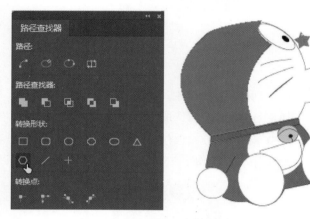

图 9-47　将形状转换为多边形

9.5 复合路径的应用

在 InDesign 中，可以将多个路径组合为单个对象，而组合后的路径就称为复合路径。复合路径与对象编组的功能类似，区别在于组合后的各个对象仍然保持原来的属性。

9.5.1 创建复合路径

在 InDesign 中，可以用两个或更多个开放或封闭路径创建复合路径。对于创建的复合路径，将保持底层对象的描边和填色设置。

（1）打开文件 9-9.indd，选择"选择工具"，选取需要的图形对象，如图 9-48 所示。

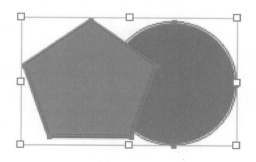

图 9-48　选取对象

（2）执行"对象"→"路径"→"建立复合路径"命令，选定的路径的重叠之处，都将显示为透明。如图 9-49 所示，复合路径将多个重叠的路径对象合并为一个新的路径，合并之后，路径会保持底层对象的属性。

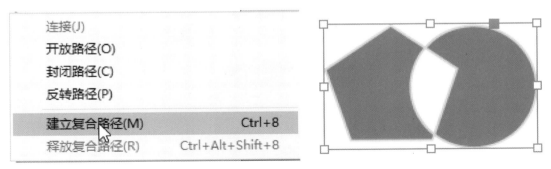

图 9-49　建立复合路径

（3）保存所做的工作以供下个练习使用。

9.5.2　释放复合路径

对于文档中创建的复合路径，可以通过"释放复合路径"命令将其分解。释放复合路径后，原复合路径中的每个子路径会转换为独立的路径，可以根据实际需要对这些路径进行调整。

（1）打开文件 9-9.indd，使用"选择工具"，选取文档中创建的复合路径，如图 9-50 所示。

（2）执行"对象"→"路径"→"释放复合路径"命令，释放复合路径，此时复合路径中的所有子路径属性不变，如图 9-51 所示。应用"选择工具"选中五边形并对其填充颜色，得到的效果如图 9-52 所示。

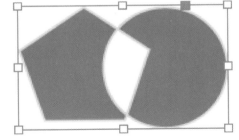

图 9-50　选中复合路径

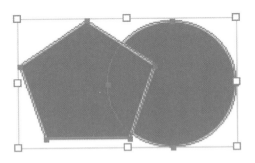

图 9-51　释放复合路径

图 9-52　填充颜色效果

9.6 翻转课堂——绘制卡通绿蛙

【练习知识要点】使用"矩形工具"和"渐变"色板工具绘制底图。使用"多边形工具"、"角选项"命令和"不透明度"命令绘制装饰星形。使用"椭圆工具"和"路径查找器"面板绘制眼部的装饰图形。使用"复制"命令和"水平翻转"命令制作右脚,绘制卡通绿蛙效果,如图 9-53 所示。

学生通过本次实训应掌握"矩形工具"、"渐变工具"、"角选项"命令、"多边形工具"、"不透明度"命令的使用,掌握"复制"命令、"水平翻转"命令等的操作。

图 9-53   绘制卡通绿蛙效果

小绿蛙及背景制作

第10章 书籍和版面

本章介绍

本章介绍 InDesign CC 中书籍和目录的编辑与应用方法。通过本章的学习，读者可以完成更加复杂的排版设计，提高排版的专业技术水平。

学习目标：
- 掌握创建目录的方法
- 掌握创建书籍的技巧

技能目标：
- 掌握"美食杂志目录"制作方法
- 掌握"书籍封面"制作方法

书籍和版面 .mp4

10.1 创建书籍文件

书籍文件是一个可以共享样式、色板、主页及其他项目的文档集。在一个书籍文件中，可以按顺序给编入书籍中的文档页面进行编号、打印书籍中选定的文档或者将它们导出为 PDF 文件等。

10.1.1 创建书籍

应用书籍管理文档前，首先要学会创建书籍操作。启动 InDesign 应用程序，执行"文件"→"新建"→"书籍"菜单命令，就能创建一个相应的书籍文件。

（1）启动 InDesign 应用程序，执行"文件"→"新建"→"书籍"菜单命令，打开"新建书籍"对话框。在对话框中输入新建的书籍文件名，并指定书籍的存储位置，如图 10-1 所示。

图 10-1　"新建书籍"对话框

（2）单击"确定"按钮，即可在指定的文件夹中创建一个书籍文件，并同时打开"书籍"面板，如图 10-2 所示。

图 10-2　创建的书籍文件

10.1.2　向书籍文件中添加文档

创建书籍文件后，需要向书籍文件中添加对应的文档。在 InDesign 中，单击"书籍"面板中的"添加文档"按钮或者执行面板菜单中的"添加文档"命令，都可以向书籍文件中添加文档。

（1）打开文件 14-1.indb 书籍文件，单击"书籍"面板右下角的"添加文档"按钮，如图 10-3 所示。

图 10-3 "添加文档"按钮

（2）打开"添加文档"对话框，在对话框中选择需要导入的文档 14-2.indd，单击"打开"按钮，如图 10-4 所示。可看到选择的文件已被添加到"书籍"面板中，如图 10-5 所示。

图 10-4 "添加文档"对话框

图 10-5 添加的文件

10.1.3 替换书籍文档

对于书籍中需要添加的文档，可以根据需要选用其他的文档来进行替换，在"书籍"面板中执行"替换文档"菜单命令即可。

（1）打开文件 14-2.indb，选中要替换的文件，单击右上角的"扩展"按钮，在展开的面板中执行"替换文档"菜单命令，如图 10-6 所示。

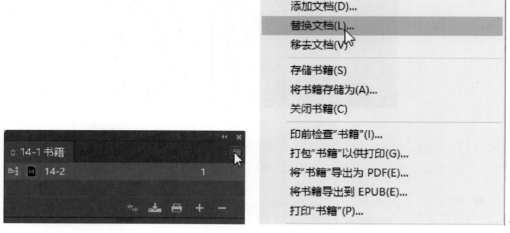

图 10-6　"替换文档"命令

（2）打开"替换文档"对话框，在对话框中选中需要替换的文档，单击下方的"打开"按钮，如图 10-7 所示。

图 10-7　"替换文档"对话框

（3）应用选择的 14-3.indd 文档替换原书籍中的 14-2.indd 书籍文档，替换后的效果如图 10-8 所示。

图 10-8 替换文档效果

10.1.4 同步书籍文档

对书籍中的文档进行同步时，如样式、主页等项目都将从样式源复制到指定的书籍文档中，并替换所有同名项目。在默认情况下，第一个添加到书籍中的文档被指定为样式源文件，并在其名称左侧显示图标，可以单击文档名称左侧的空方框来重新指定源文档。

（1）打开文件 14-4.indb，单击"书籍"面板右上角的"扩展"按钮，在展开的面板菜单中执行"同步选项"命令，如图 10-9 所示。

图 10-9 "同步选项"命令

（2）打开"同步选项"对话框，在对话框中勾选需要同步处理项目前的复选框，单击"确定"按钮，如图 10-10 所示，完成同步选项设置。

图 10-10 "同步选项"对话框

（3）在"书籍"面板中选中需要同步处理的文档，单击右上角的"扩展"按钮，在展开的面板菜单中执行"同步'已选中的文档'"命令，如图10-11所示。

图 10-11　"同步'已选中的文档'"命令

（4）根据设置的同步选项，同步处理选择的目标文档，并显示同步处理的进度。处理完成后，弹出如图10-12所示的提示对话框，单击对话框中的"确定"按钮即可。

图 10-12　同步完成提示对话框

10.1.5　删除书籍

对于添加到书籍中的文档，可以将它从书籍中删除。可以通过"书籍"面板中的"移去文档"按钮删除文档，也可以通过"书籍"面板菜单中的"移去文档"命令移去选中的书籍文档。

（1）打开文件14-4.indb，在"书籍"面板中单击选中需要删除的文档，如图10-13所示。

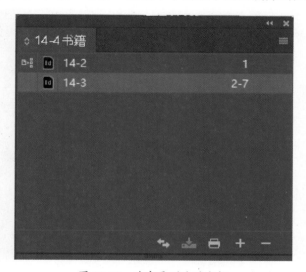

图 10-13　选中要删除的文档

（2）将选中的文档拖动到"书籍"面板右下角的"移去文档"按钮上，拖动文档时鼠标指针会显示为，如图10-14所示。

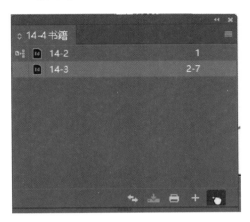

图 10-14　拖动文档

（3）释放鼠标，删除"书籍"面板中选中的需要删除的文档，删除文档后的效果如图10-15所示。

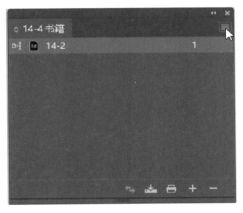

图 10-15　删除文档后的效果

（4）在"书籍"面板中选中另外一个文档，单击面板右上角的"扩展"按钮，如图10-16所示。

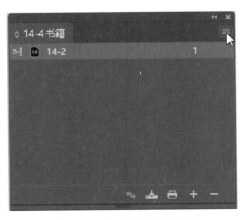

图 10-16　选中要移去的文档

（5）打开"书籍"面板菜单，在菜单中执行"移去文档"命令，如图 10-17 所示。

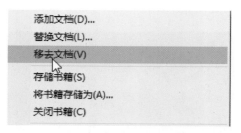

图 10-17 "移去文档"命令

（6）从书籍文件中移去选中的文档，移去文档后的"书籍"面板如图 10-18 所示。

图 10-18 移去文档后的"书籍"面板

10.1.6 存储书籍文件

书籍文件的存储于普通文件的存储有一定的区别，存储书籍时，InDesign 会存储对书籍的更改，而非存储书籍中文档的更改。

（1）打开文件 14-4.indb，单击"书籍"面板右上角的"扩展"按钮，在展开面板菜单中执行"将书籍存储为"命令，如图 10-19 所示。

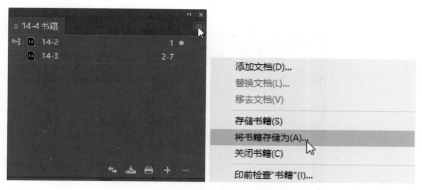

图 10-19 "将书籍存储为"命令

（2）打开"将书籍存储为"对话框，在"文件名"输入框中输入要保存的书籍名称，再选择书籍文件的存储位置，最后单击"保存"按钮，如图 10-20 所示。

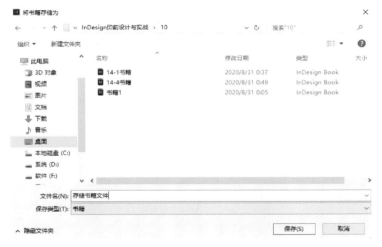

图 10-20 "将书籍存储为"对话框

10.2 使用目录

目录能让读者更清楚地知道书中所讲的框架结构，并且可以帮助读者在文档或书籍文件中快速查找相关的内容。一个文档可以包含多个目录，每个目录都是一篇由标题和条目列表组成的独立文章。条目能够直接从文档内容中提取，并可以跨越同一书籍文件中的多个文档更新目录。

10.2.1 创建新目录

创建目录的过程需要三个主要步骤，首先，创建并应用要用作目录基础的段落样式；其次，指定要在目录中使用哪些样式及如何设置目录的格式，最后，将目录排入文档中。

（1）打开文件 14-5.indd，打开后的文档效果如图 10-21 所示，执行"版面"→"目录"菜单命令。

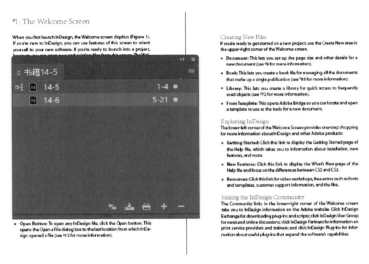

图 10-21 "目录"菜单命令

（2）打开"目录"对话框，在对话框右侧的"其他样式"列表中单击选中"Chapter Title"段落样式，单击"添加"按钮，将选择的样式添加到左侧"目录中样式"下方的"包含段落样式"列表中，如图 10-22 所示。

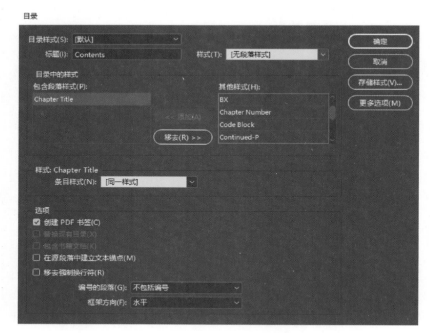

图 10-22　"目录"对话框

（3）选中"其他样式"列表中的"Head1"段落样式，单击"添加"按钮，如图 10-23 所示。

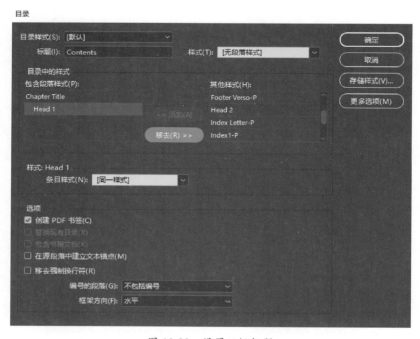

图 10-23　设置二级标题

（4）在"目录"对话框的"包含段落样式"列表中，选择"Chapter Title"，在"样式：

Chapter Title"部分，从"条目样式"下拉列表中选择"TOC Chapter Title"（一级标题样式），如图 10-24 所示。

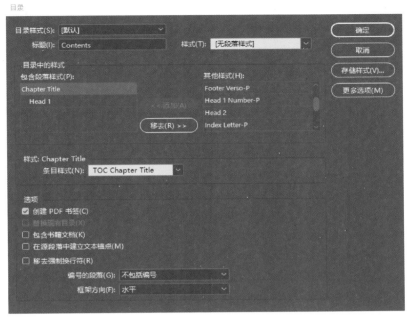

图 10-24 添加三级标题

（5）在"目录"对话框的"包含段落样式"列表中，选择"Head1"，在"样式：Head1"部分，从"条目样式"下拉列表中选择"TOC Section Name"（二级标题样式），如图 10-25 所示。

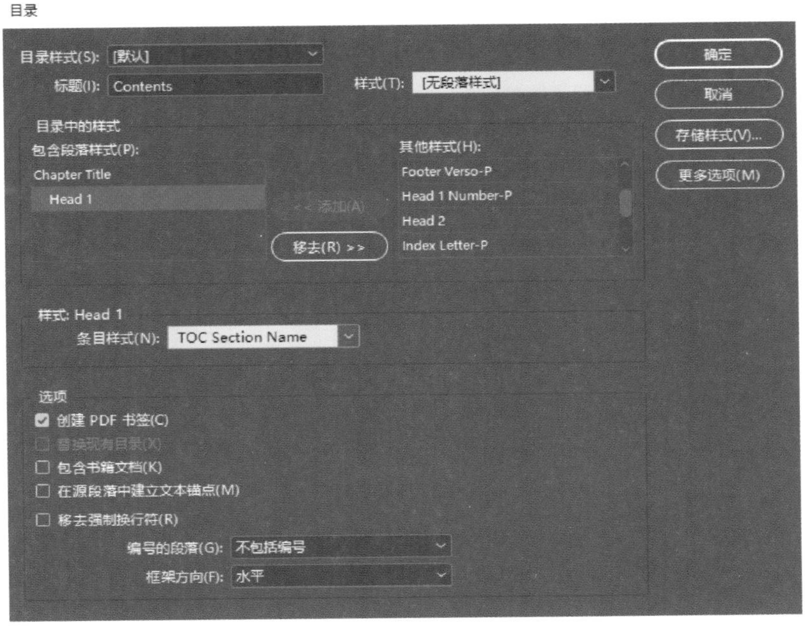

图 10-25 设置三级标题

（6）选中包含书籍文档复选框以便为书籍文件中的所有文档生成目录，如图 10-26 所示。

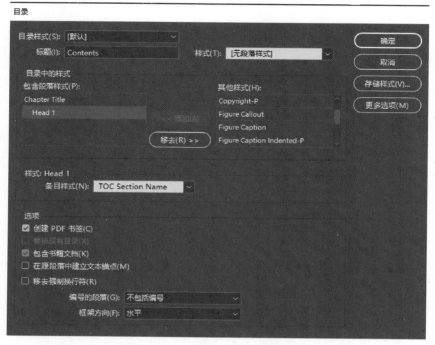

图 10-26　新建跨页页面

（7）单击"确定"按钮，鼠标指针将变成加载文本图标，并加载目录文本。可在现有文本框中单击，也可拖曳新建文本框架。效果如图 10-27 所示。

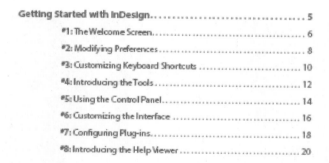

图 10-27　显示完整目录信息

10.2.2　更新已有目录

InDesign 是通过自动识别段落样式来获取目录的。从文档中提取目录后，如果再对文档中应用了段落样式的文本进行更改，可采用更新目录的方式自动修改目录。

（1）打开文件 14-7.indd，文档第一页即为创建的目录效果，如图 10-28 所示。

Contents

图 10-28　创建目录效果

（2）选择"文字工具"，再选中一级标题中的"InDesign"，将其更改为"InDesign CC"，选中二级标题中的"The Welcome Screen"，将其更改为"The Welcome Screen Displays"，效果如图 10-29 所示。

Getting Started with InDesign CC

InDesign is a powerful page layout program renowned for its ease of use, precision, and integration with other applications in the Adobe Creative Suite. Hallmark features of InDesign include professional type and graphics handling, drawing tools, transparency, Adobe Photoshop affects, and reliable print and PDF output. With powerful creative tools and flexible workflow features at their fingertips, graphic designers around the globe use InDesign to produce all types of print and electronic publications. From magazines, books, and newsletters to posters, CD covers, and bumper stickers, many of the publications you see are produced with InDesign—often in concert with Adobe Photoshop and Adobe Illustrator.

#1: The Welcome Screen Displays

When you first launch InDesign, the Welcome screen displays (Figure 1). If you're new to InDesign, you can use features of this screen to orient yourself to your new software. If you're ready to launch into a project, however, you can open new and existing files from this screen. The Welcome screen also provides quick access to InDesign and Adobe resources such as user groups and plug-ins.

图 10-29　更新标题效果

（3）将插入点定位于最后一页的目录文本框中，执行"版面"→"更新目录"菜单命令，更新目录，效果如图 10-30 所示。

Contents

图 10-30　更新目录效果

10.2.3　创建目录样式

如果需要在文档或书籍中创建不同的目录，可以使用目录样式。如果希望在其他文档中使用相同的目录格式，也可以使用目录样式。创建目录样式后，在新建目录时，只需要在目录样式列表中选择一种目录样式，就可以将该样式下包含的段落样式快速添加到"包含段落样式"列表中。

（1）打开文件14-7.indd，执行"版面"→"目录样式"菜单命令，打开"目录样式"对话框，单击"新建"按钮，如图10-31所示。

图10-31 "目录样式"对话框

（2）打开"新建目录样式"对话框，在"目录样式"文本框中输入要创建的目录样式名，然后在下方"包含段落样式"列表中选择目录包含的段落样式，如图10-32所示。

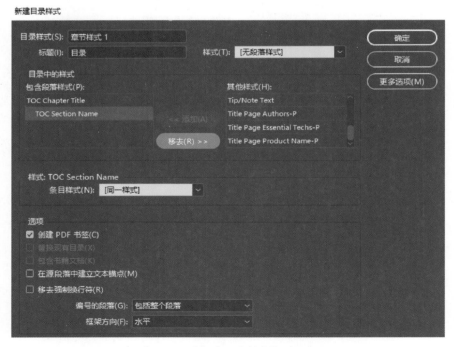

图10-32 "新建目录样式"对话框

（3）单击"确定"按钮，返回"目录样式"对话框，在对话框中的"样式"列表中即显示创建的目录样式，如图10-33所示。

目录样式

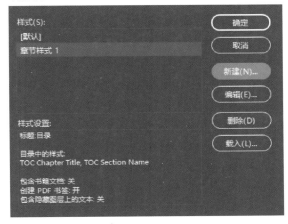

图 10-33 创建的目录样式

10.3 翻转课堂——美食杂志目录的制作

【练习知识要点】使用矩形工具和渐变色板工具制作背景效果。使用置入命令和不透明度命令制作图片的不透明度效果。使用段落样式调板和目录命令提取目录。美食杂志目录制作效果如图 10-34 所示。

学生通过本次实训了解矩形工具和渐变色板工具的使用，熟悉掌握置入命令和不透明度命令等的操作，及段落样式调板和提取目录命令等的应用。

图 10-34 美食杂志目录制作效果

美食杂志目录的制作

第11章 印刷输出与打印

本章介绍

　　用户用 InDesign CC 完成版面设计后，需要将文件进行一定的处理并发送给不同的用户或输出中心进行打印输出。InDesign 提供了完整的文档输出与打印功能，能够满足不同的用户对于后期输出文档的需求。本章将详细介绍文件的输入和打印设置方法，让读者更全面地了解如何导出 InDesign 文档、叠印和陷印等印刷输出专业知识。

学习目标：
- 掌握文档的导出
- 掌握对文档进行印前检查
- 掌握文档的打印
- 掌握文档的打包

输出与打印
（上）.mp4

技能目标：
- 掌握文档输出的设置技巧

11.1 导出文件

　　完成文档的版面设计后，可以通过导出的方式将文档导出为不同的文件格式。执行"文件"→"导出"菜单命令，在打开的"导出"对话框中选择格式并导出文件。

11.1.1 将内容导出为HTML格式

　　导出为 HTML 格式文件是将文档导出并保存的一种方式。在将文件内容从 InDesign 文档导出为 HTML 文件之前，需要创建或载入元素、将标签应用于文档页面上的项目等，然后通过执行"文件"→"导出"菜单命令，导出文档中的全部或部分内容。

　　（1）打开文件 11-1.indd，执行"文件"→"导出"菜单命令，在打开的"导出"对话框中选择好要导出文件的存储位置，再输入导出文件名，设置存储的"保存类型"为"HTML"，单击"保存"按钮，如图 11-1 所示。

图 11-1 "导出"对话框

（2）在打开的"HTML 导出选项"对话框中，采用默认设置，单击"确定"按钮，如图 11-2 所示，将文件导出为 HTML 文件。

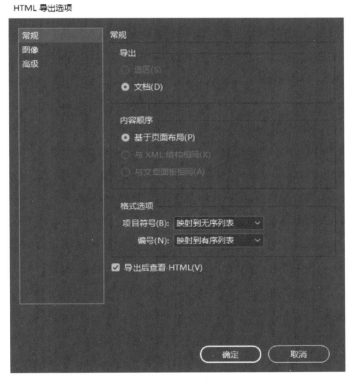

图 11-2 "HTML 导出选项"对话框

11.1.2 将内容导出为JPEG格式

InDesign 提供了将文档导出为 JPEG 格式的效果，方便用户在没有安装 InDesign 软件的前提下也可查看文档效果。

（1）打开文件 11-1.indd，在"页面"中单击任何一页，如图 11-3 所示。

图 11-3　选择页面

（2）执行"文件"→"导出"菜单命令，打开"导出"对话框，在对话框中选择要导出文件的储存位置，输入导出的文件名，设置"保存类型"为"JPEG"，单击"保存"按钮，如图 11-4 所示。

图 11-4　"导出"对话框（导出 JPEG 格式）

（3）打开"导出 JPEG"对话框，在对话框中单击"范围"单选按钮，选择"所有页面"，设置"分辨率（ppi）"为"300"，"色彩空间"为"RGB"，其他参数不变，如图 11-5 所示，单击"确定"按钮，完成保存。

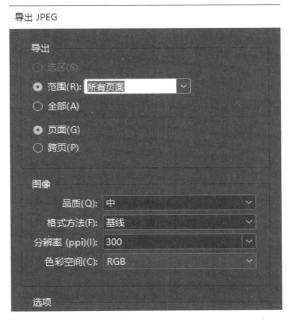

图 11-5 "导出 JPEG" 对话框

（4）将文件导出后，在设置的存储文件文件夹中即可预览导出的图像效果，如图 11-6 所示。

图 11-6 预览导出的图像

11.1.3 将文档导出为用于打印的PDF文档

PDF 全称（Portable Document Format），意思为"便携式文档格式"。PDF 是一种基于传统文件格式之上的一种新型文件格式，会忠实地再现原稿的每一个字符、颜色及图像，比传统文件格式更加鲜明、准确、直观地表达文件内容。

（1）打开文件 11-2.indd，执行"文件"→"导出"菜单命令，在打开的"导出"对话框中选择好要导出文件的存储位置，输入导出的文件名，设置存储的"格式类型"为"Adobe PDF（打印）"，单击"保存"按钮，如图 11-7 所示。

图 11-7 "导出"对话框（Adobe PDF（打印）格式）

（2）在打开的"导出 Adobe PDF"对话框中，选择打印"范围"为"所有页面"，勾选"导出后查看 PDF"复选框，其他参数不变，单击"导出"按钮，如图 11-8 所示。

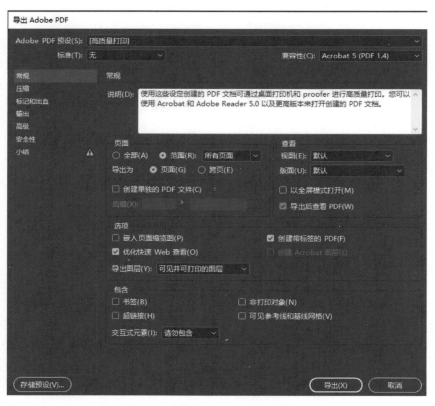

图 11-8 "导出 Adobe PDF"对话框

（3）导出文件后在设置的存储文件夹中即可查看，双击文件，打开并查看导出的 PDF 文件，如图 11-9 所示。

图 11-9　查看导出的 PDF 文件

11.2　打印文件

在版面设计完成后，会对文件进行一定的处理，并将其发送给不同的用户或输出中心进行打印输出。InDesign 提供了完整的文件打印输出功能，在打印文件前，为了防止可能发生的错误，减小不必要的损失，可以对打印的文件进行预检，并通过调整打印选项，完成作品的高品质输出。

输出与打印（下）.mp4

11.2.1　打印前对文档进行印前检查

文档中的某些问题会使书籍的打印或输出无法获得满意的效果，所以在打印文档前，需要对文档进行品质检查。InDesign 提供了用于检测文档的"印前检查"面板，编辑文档时，如果遇到字体缺失、图像分辨率低、文本溢流等问题时，"印前检查"面板都会发出警告，并在状态栏中显示一个红圈图标。同时，用户也可以自行配置印前检查设置，定义要检测的问题。

（1）打开文件 11-3.indd，执行"窗口"→"输出"→"印前检查"菜单命令，打开"印前检查"面板，单击右上角的"扩展"按钮，在弹出的菜单中执行"定义配置文件"命令，如图 11-10 所示。

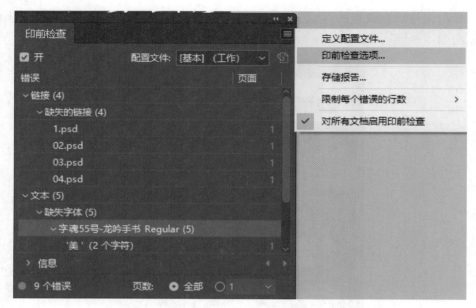

图 11-10 "印前检查"面板和"定义配置文件"命令

（2）打开"印前检查配置文件"对话框，在对话框中单击"新建印前检查配置文件"按钮，并输入配置文件名称，如图 11-11 所示。

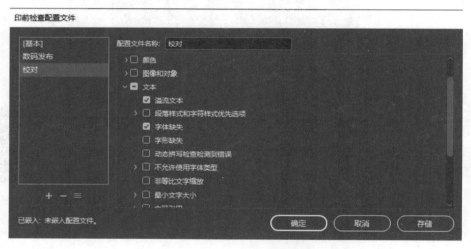

图 11-11 "印前检查配置文件"对话框

（3）单击"链接"类型左侧的倒三角形按钮，在展开的类别中取消"无法访问的 URL 链接"复选框的勾选状态，展开"文本"类别，取消"字体缺失"复选框的勾选状态，如图 11-12 所示。

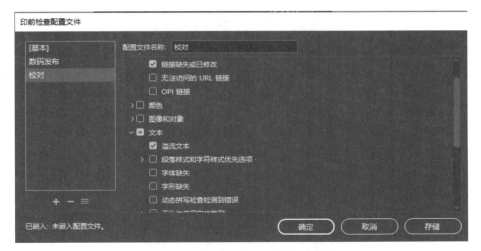

图 11-12　印前检查配置文件的设置

（4）单击"存储"按钮，保留对配置文件的更改，然后单击"确定"按钮，完成印前检查配置文件的设置，返回"印前检查"面板。单击"配置文件"下拉按钮，在展开的下拉列表中选择创建的"校对"印前检查配置文件，选择后可以看到面板中只提示缺失的链接，而缺失字体则不会发出警告，如图 11-13 所示。

图 11-13　印前检查配置文件设置后的"印前检查"面板

11.2.2　设置"常规"打印选项

在 InDesign 中，应用"打印"对话框中的"常规"选项卡可以设置基本的打印选项，如打印文档的份数、要打印的文档范围等。

（1）打开文件 11-4.indd，打开"页面"面板，单击选中一个需要打印的跨页页面，如图 11-14 所示。

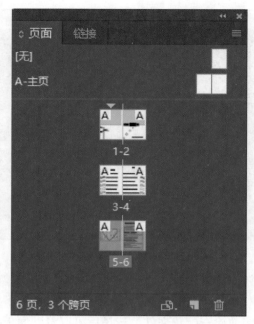

图 11-14　选中需要打印的跨页页面

（2）执行"文件"→"打印"菜单命令，打开"打印"对话框，展开"常规"选项卡。可以设置通过物理打印机或虚拟打印机进行打印，这里设置为虚拟打印机，在"页面"选项组下单击"当前页"单选按钮，再单击"跨页"单选按钮，选择打印方式，单击对话框底部的"打印"按钮，如图 11-15 所示。

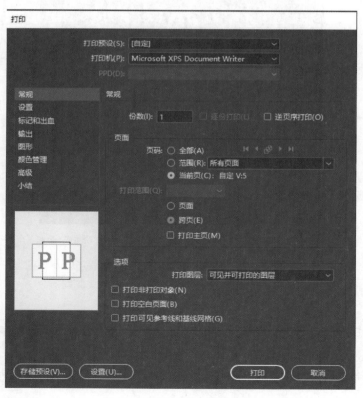

图 11-15　"打印"对话框（1）

（3）打开"将打印输出另存为"对话框，在对话框中输入打印文件名称，单击"保存"按钮，如图11-16所示。

图11-16 "将打印输出另存为"对话框

（4）弹出"打印"对话框，显示打印进度，完成打印后，在文件夹中即可查看存储的打印文件，如图11-17所示。

图11-17 打印进度及打印文件

11.2.3 标记和出血设置

准备用于打印的文档时，需要添加一些标记或设置出血信息，以帮助打印机在生成样稿时确定纸张裁切的位置、分色胶片对齐的位置及网点密度等，以保证印刷后的裁切更加精确。

（1）打开文件11-4.indd，执行"文件"→"打印"菜单命令，打开"打印"对话框，默认展开"常规"选项卡，如图11-18所示。

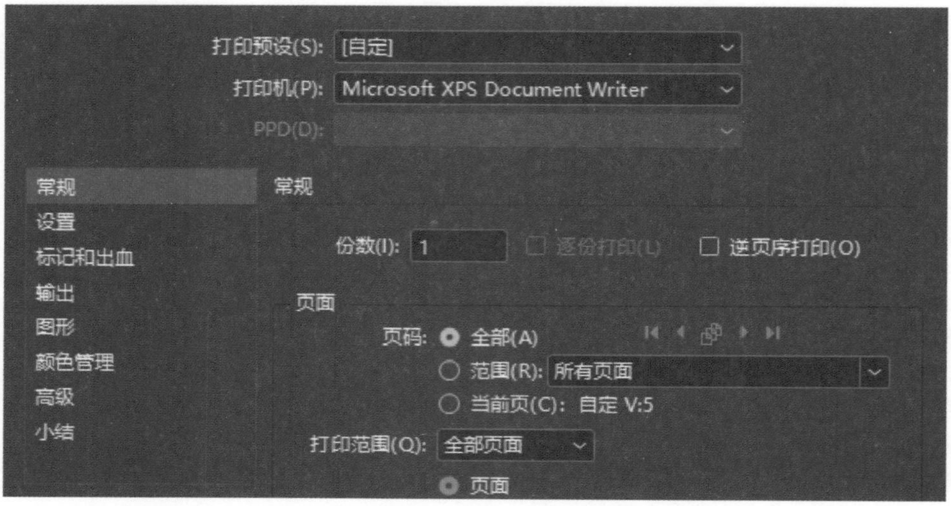

打印

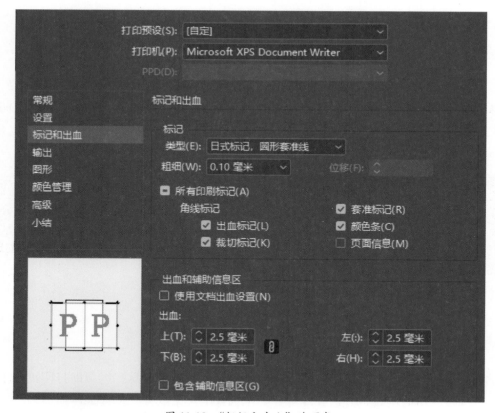

图 11-18 "打印"对话框（2）

（2）单击"标记和出血"标签，展开"标记和出血"选项卡，选择并设置要添加的标记，然后取消"使用文档出血设置"复选框的勾选状态，重新输入出血值，如图 11-19 所示。

图 11-19 "标记和出血"选项卡

（3）单击"打印"按钮，弹出"将打印输出另存为"对话框，在对话框中输入存储名称，单击"保存"按钮，如图 11-20 所示。

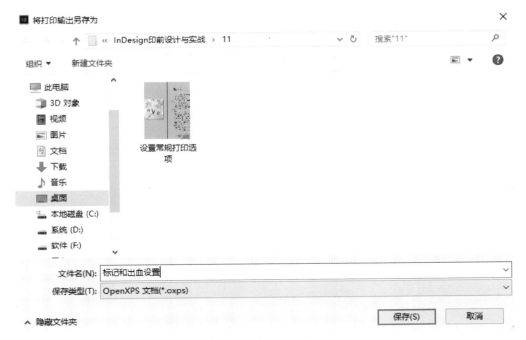

图 11-20　保存出血文件

（4）弹出"打印"对话框，显示正在打印的文件进程，提示正在下载图像，下载完成后将自动关闭对话框。打开存储打印文件的文件夹，双击文件即可打开并查看文件打印效果，如图 11-21 所示。

图 11-21　文件打印效果

11.2.4　叠印输出

InDesign 中提供的叠印模拟打印功能，对于在输出打印设备上模拟叠印专业油墨和印刷油墨的效果很有帮助。

（1）打开文件 11-5.indd，使用"选择工具"选中文档中需要进行叠印输出的对象，如图 11-22 所示。

图 11-22　选择叠印输出的对象

（2）执行"窗口"→"输出"→"属性"菜单命令，在打开的"属性"面板中勾选"叠印填充"复选框，原图无变化，如图 11-23 所示。

图 11-23　"属性"面板

（3）执行"视图"→"叠印预览"菜单命令，预览叠印后的效果，可以看到对选定对象的填色进行了叠印处理，如图 11-24 所示。

图 11-24　叠印处理效果

（4）如果要对选择对象的描边区域也应用叠印效果，则在"属性"面板中勾选"叠印描边"复选框，叠印后的效果如图 11-25 所示。

图 11-25　叠印后的效果

（5）确认要叠印对象后，执行"文件"→"打印"菜单命令，在"打印"对话框中单击"输出"标签，在展开的选项卡中勾选"模拟叠印"复选框，如图 11-26 所示。

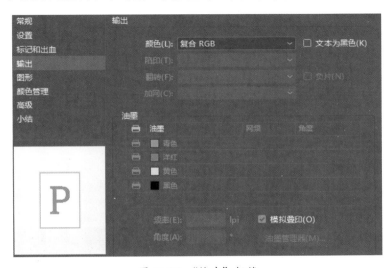

图 11-26　"输出"标签

（6）单击"打印"按钮，在弹出的"存储"对话框中指定打印文件的存储位置，并进行文件的打印操作，可以查看叠印输出效果，如图 11-27 所示。

图 11-27　查看叠印输出效果

11.2.5 创建打印预设

如果定期将文档输出到不同的打印机进行打印作业，可以将所有的打印设置创建并存储为打印预设。创建打印预设打印文档时，只需要在"打印预设"对话框中选中打印预设，即可根据预设内容完成文档的打印操作。

（1）启动 InDesign 程序后，执行"文件"→"打印预设"→"定义"菜单命令，打开"打印预设"对话框，单击右侧的"新建"按钮，如图 11-28 所示。

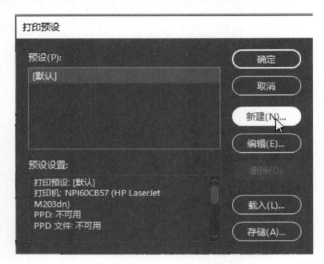

图 11-28 "打印预设"对话框

（2）打开"新建打印预设"对话框，在对话框中设置打印选项，设置打印"份数"为"2"，单击"跨页"单选按钮，勾选"打印主页"复选框，如图 11-29 所示。

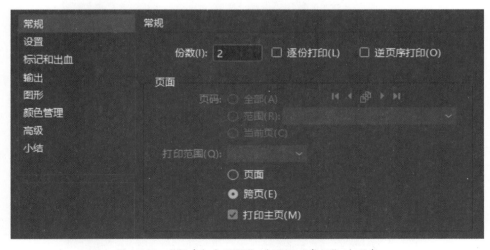

图 11-29 "新建打印预设"对话框"常规"选项卡

（3）单击"标记和出血"标签，展开"标记和出血"选项卡，在选项卡中的"标记"选项组下方勾选需要添加的印刷标记，如图 11-30 所示。

图 11-30 "标记和出血"选项卡

（4）单击"颜色管理"标签，展开"颜色管理"选项卡，单击"校样（R）（配置文件：不可用）"单选按钮，如图 11-31 所示。

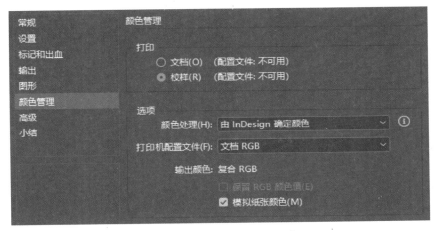

图 11-31 "颜色管理"选项卡

（5）单击"确定"按钮，返回"打印预设"对话框并显示创建的打印预设，单击"确定"按钮，如图 11-32 所示，完成打印预设的创建。

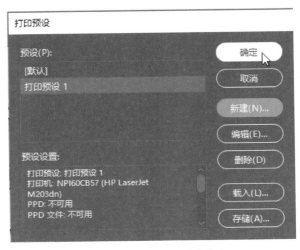

图 11-32 打印预设创建完成

11.3 打包文档

使用 InDesign 进行排版制作时，所使用的图像有可能会分散放置在多个文件夹中。如果需要将制作完成的文件转移到其他计算机中，逐个去寻找这些文件显然非常麻烦，这时就可以应用 InDesign 的打包功能，将当前文档中使用到的所有字体、图像文件统一复制到指定的文件夹中，并将打印输出信息保存为一个文本文件，避免在打印输出时因缺失字体或图像而无法打印的问题。

11.3.1 打包文档

在 InDesign 中，应用打包功能可以检测文档内有可能出现的错误，并可将文档、链接图片、文字统一放在一个文件夹内，便于复制文件。

（1）打开文件 12-6.indd，执行"文件"→"打包"菜单命令，打开"打包"对话框，展开"小结"选项卡，显示缺失的内容，单击"打包"按钮，如图 11-33 所示。

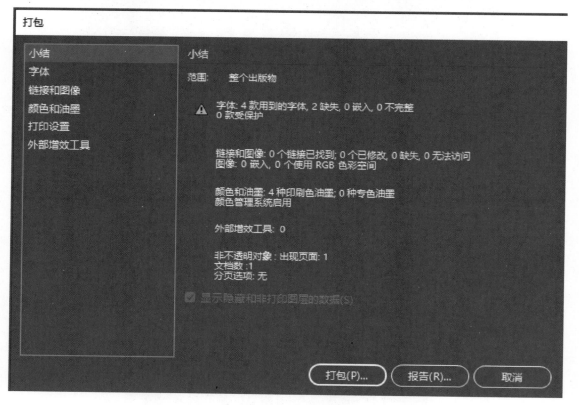

图 11-33 "打包"对话框

（2）单击"字体"标签，展开"字体"选项卡，在中间字体列表中显示了所有的缺失字体，单击"查找字体"按钮，如图 11-34 所示。

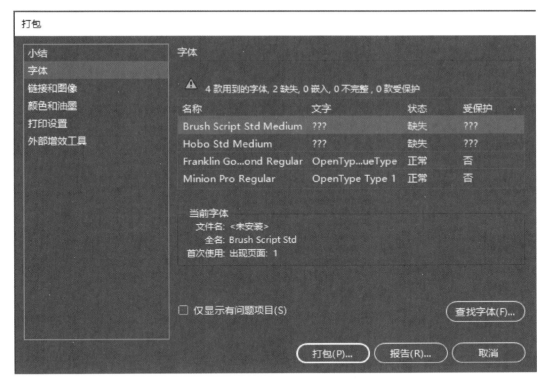

图 11-34　"字体"选项卡

（3）打开"查找字体"对话框，选择一种缺失字体，在"替换为"选项组中选择用于替换的字体，单击"全部更改"按钮，如图 11-35 所示。

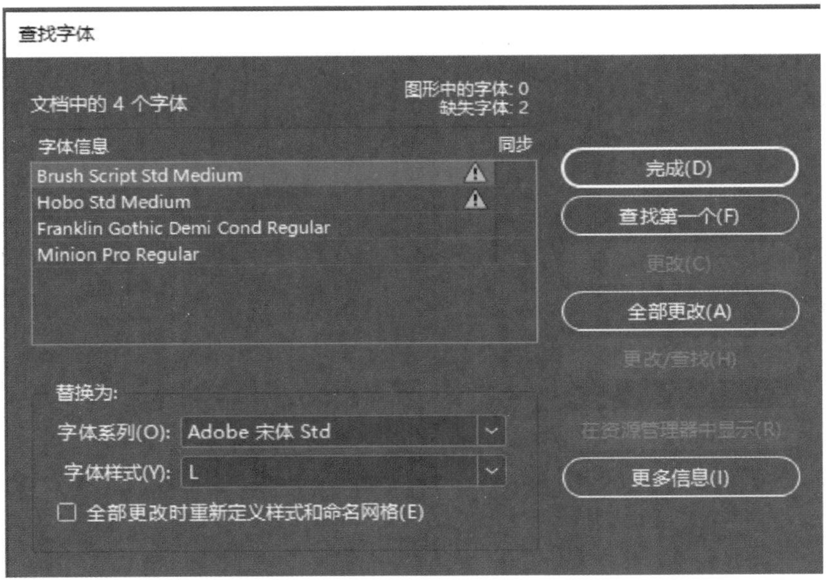

图 11-35　"查找字体"对话框

（4）继续使用同样的方法查找并替换文档中缺失的其他字体，直到"字体信息"列表中无缺失字体为止，单击"完成"按钮，如图 11-36 所示。

图 11-36　替换所有的缺失字体

（5）返回"打包"对话框，在对话框中再次单击对话框下方的"打包"按钮，如图 11-37
所示。

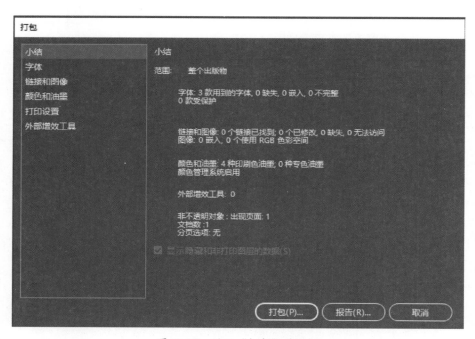

图 11-37　返回"打包"对话框

（6）打开"打印说明"对话框，在对话框中输入文件说明信息，输入后单击"继续"按
钮，如图 11-38 所示。

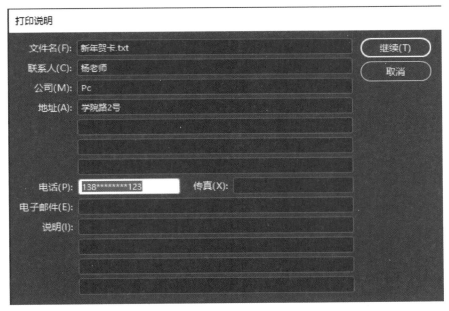

图 11-38 "打印说明"对话框

（7）打开"打包出版物"对话框，在对话框中输入打包文件夹名称，指定文件存储位置后，单击"打包"按钮，如图 11-39 所示。

图 11-39 "打包出版物"对话框

（8）弹出"警告"对话框，对文档中一些注意事项加以补充说明，这里直接单击对话框中的"确定"按钮，如图 11-40 所示。

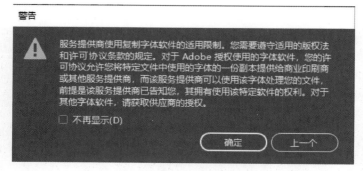

图 11-40 "警告"对话框

（9）弹出"打包文档"对话框，在对话框中显示当前文档的打包进度，完成后将自动关闭该对话框，并将文件存储到指定文件夹中，如图 11-41 所示。

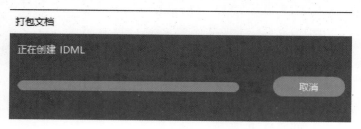

图 11-41 "打包文档"对话框

11.3.2 创建打包报告

（1）打开文件 11-7.indd，执行"文件"→"打包"菜单命令，打开"打包"对话框，单击"报告"按钮，如图 11-42 所示。

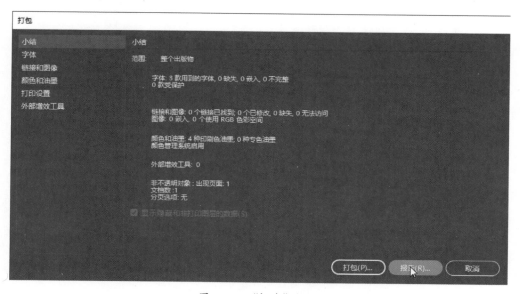

图 11-42 "报告"按钮

（2）打开"存储为"对话框，在对话框中选择打包报告的存储位置，输入文件名，单击"保存"按钮，如图 11-43 所示，即可保存打包报告。

图 11-43 "存储为"对话框

第 12 章 综合案例实训

前面的章节运用大量的小实例详细地讲解了 InDesign CC 的主要功能和具体应用方法，为了让读者融合贯通前面章节中所学到的知识，本章通过一个设计项目案例的演练，使学生进一步牢固掌握 InDesign 的强大操作功能和使用技巧，并应用好所学技能制作出专业的综合设计作品。

学习目标：
- 掌握 InDesign 基础知识的使用技巧
- 掌握 InDesign 的设计领域
- 掌握 InDesign 的综合设计技巧

技能目标：
- 掌握美食杂志目录的制作方法
- 掌握美食杂志主页的制作方法
- 掌握美食杂志内页的制作方法

1. 案例要求

（1）运用大量的图片展现出杂志介绍的主题。
（2）页面设计需干净整洁，便于浏览。
（3）色彩的运用要与照片相呼应，能引发人们的食欲，给人以明亮、健康和温暖感。
（4）整体设计要具有统一感，能加深人们的印象。
（5）设计规格为 210mm×297mm，出血 3mm。

2. 案例要点

使用"粘入"命令和"效果"面板制作背景图片。使用"钢笔工具"和"外发光"命令制作装饰图形的不透明效果。使用"文字工具"添加需要的文字。使用"投影工具"为文字添加投影。

3. 案例设计

本案例设计效果如图 12-1 ～图 12-3 所示。

图 12-1　冰淇淋宣传单　　　　　　　　　　制作美食杂志 1

图 12-2　家常美食宣传单　　　　　　　　　　制作美食杂志 2

图 12-3　马卡龙制作宣传单